Bernhard Haas / Bettina von Troschke

Teamcoaching

Bernhard Haas
Bettina von Troschke

Teamcoaching

Exzellenz vom Zufall befreien

Liebe Sabine & Hubertus!

Zur Erinnerung an Euren Besuch in Corranico und daß Euer neuer Golfplatz-Pächter seine Exzellenz nicht vom Zufall befreien braucht.
Herzlichst Eure

Bettina & Bernhard

Im November 2010, Corranico (IT)

GABLER

Bibliografische Information der Deutschen Nationalbibliothek
Die Deutsche Nationalbibliothek verzeichnet diese Publikation in der Deutschen Nationalbibliografie; detaillierte bibliografische Daten sind im Internet über <http://dnb.d-nb.de> abrufbar.

1. Auflage 2010

Lektorat: Stefanie A. Winter

Gabler Verlag ist eine Marke von Springer Fachmedien.
Springer Fachmedien ist Teil der Fachverlagsgruppe Springer Science+Business Media.
www.gabler.de

Umschlaggestaltung: KünkelLopka Medienentwicklung, Heidelberg
Druck und buchbinderische Verarbeitung: STRAUSS GMBH, Mörlenbach
Gedruckt auf säurefreiem und chlorfrei gebleichtem Papier
Printed in Germany

ISBN 978-3-8349-1644-0

Für Anna (†), Eduard (†), Ben

und

Leon, Senja, Loran

Inhaltsverzeichnis

Vorwort

Coaching ist vielleicht die bedeutsamste Innovation der letzten 25 Jahre für die Unterstützung von persönlichen und organisatorischen Veränderungen: wertschätzend, individuell, menschenorientiert, mit hoher Passung und effektiv. Teamcoaching ist derzeit das populärste Instrument in der modernen Personal- und Organisationsentwicklung.

Die Anforderungen an eine heutige Führungskraft, an immer vielfältiger und anspruchsvoller werdende Rollen, an das oft gleichzeitige Mitwirken in verschiedensten Teams (national und international), steigen ständig. Die Arbeitswelt ist für jeden spürbar schneller und rauer geworden, die sogenannte Halbwertzeit von Können und Wissen nimmt deutlich ab und verlangt nicht nur von der Führungskraft, sondern auch von deren Mitarbeitern die zunehmende Übernahme von Eigenverantwortung: Wer nicht an sich arbeitet, sich nicht weiterbildet und weiterentwickelt, fällt zwangsläufig zurück. Wer sich in dieser komplexen Arbeitswelt nicht weiter qualifiziert, gerät in Dauer-Stress und kann der erwarteten Leistungsverdichtung nicht standhalten.

Wir sind der Überzeugung, dass die autoritären und hierarchischen Führungsprinzipien immer weniger geeignet sind, den modernen Anforderungen an eine Führungskraft zu genügen. Den Führungskräften empfehlen wir – um dem Dauer-Stress zu begegnen und die Effektivität des eigenen Teams zu bewahren bzw. zu erhöhen – Teamcoaching als Führungsaufgabe und Führungsstil einzuführen und anzuwenden. Beim Teamcoaching geht es um die Fähigkeit, die Spannung zwischen humanistischen Idealen und alltäglicher Wirklichkeit auszuhalten und einen kreativen Weg zu finden, das jeweils Bestmögliche für Mitarbeiter und Organisation in die Tat umzusetzen.

Das vorliegende Buch zeigt Möglichkeiten auf, mit denen das Theorie-Praxis-Problem und damit die Frage nach dem Wissen und Können, nach dem Erkennen und Handeln im Teamcoaching angegangen und erfolgreich umgesetzt werden kann, und auch deren Grenzen. Es ist aus dem Kontext der eigenen Coaching-Tätigkeiten und -Ausbildungen heraus entstanden und basiert auf mehr als zwanzigjähriger Erfahrung beim Coachen von Führungskräften, Projektleitern, Mitarbeitern und Teams.

Daher wissen wir auch, dass die berufliche Praxis meist viel komplexer und nicht so wohl definiert und geordnet ist wie ein Fachbuch. Die einzelnen Kapitel sollen beim Arbeiten in der Praxis helfen. In der Praxis gibt es oft mehrere unterschiedliche Lösungsmöglichkeiten und -wege. Wir haben bewusst daran gearbeitet, dass dieses Buch zu einer Verkürzung der oft kritisierten Distanz zwischen Theorie und Praxis führt, und darauf geachtet, das Theorie und Praxis kapitelübergreifend miteinander verzahnt wurden.

Wenn wir eine Übertragung von komplexen und unübersichtlichen Theorien in ein vereinfachtes Modell vorgenommen haben, dann nur, um dem Leser den Überblick zu erleichtern und ihn zu befähigen, seine vorhandenen und neu erworbenen theoretischen Kenntnisse in praktische Fähigkeiten umzusetzen. Unsere praxisnahen Beispiele und Tipps sollen daher die Bereitschaft zum Lernen und Anwenden erhöhen und die Effektivität des Lernprozesses optimieren.

Dieses Buch richtet sich vorzugsweise an Führungskräfte, die wissen wollen, was Teamcoaching ist und wie man es in der Realität anwendet.

Sie erfahren, welche Anforderungen an Sie als Führungskraft in der Rolle des Teamcoachs gestellt werden, welcher Nutzen und welche Ziele damit verbunden sind, aber auch, was Teamcoaching nicht ist. Die Schwerpunkte des Buches liegen auf der Teambildung, der Teamdynamik, den Führungsbasics und dem Coachinggespräch mit dem Teammitglied. Dazu erhalten Sie wertvolle Coachinginstrumente für die Praxis, Tipps – mit dezent angebrachten Lösungsideen –, und Leitfäden für effektive Teammeetings und das individuelle Coachinggespräch.

Für den Fall, dass es „mal brennt", stellen wir Ihnen nützliche Werkzeuge zur Verfügung, um den Umgang mit schwierigen Situationen zu meistern. In Kapitel 6 „Systemische und organisationale Herausforderungen" betrachten wir die Integration von Teamcoaching in den beruflichen und organisationalen Kontext und die Berücksichtung der individuellen Interessen des Mitarbeiters, ohne die Organisation zu überlasten. Abschließend haben wir „Muster"-Beispiele und Leitlinien (roter Faden) für wichtige Themen zusammengefasst.

Danach steht Ihrem Erfolg als Teamcoach nichts mehr im Wege. Nutzen Sie diese Chance!

Bedanken möchten wir uns an dieser Stelle bei allen Teilnehmern unserer Coaching-Ausbildung und bei unseren Kunden, die uns als Coachs ihre Mitarbeiter anvertraut haben. Sie haben durch ihre wertvollen Anregungen diesem Buch viel Inspiration und Praxisnähe gegeben.

Viel Spaß beim Lesen und Erfolg bei der Umsetzung wünschen Ihnen

Bettina von Troschke und Bernhard Haas

Hinweis: Wir haben uns der leichteren Lesbarkeit halber für die herkömmliche Schreibweise in der männlichen Form entschieden. Gemeint sind immer zugleich Frauen und Männer.

1. Teamcoaching – was ist das und warum jetzt?

Unsere postmoderne, flexibilisierte, mobilisierte und dynamisierte Dienstleistungswelt ist zu einer Welt mit wachsenden Unsicherheiten geworden. Führungskräfte, die schnell Entscheidungen mit weitreichenden Konsequenzen treffen müssen, tun dies häufig auf Basis von unvollständigen Informationen – trotz der Existenz computerunterstützter Business-Intelligence (BI)- oder Management-Informations-Systeme (MIS). Situationen, Umstände und Erkenntnisse ändern sich oft derart schnell in einer globalisierten Welt, dass die Experten mit dem Füttern der Computersysteme in Echtzeit gar nicht mitkommen. Selbst neuere Konzepte wie etwa Echtzeit- oder Closed Loop BI sind bisher in den wenigsten Unternehmen umgesetzt worden. Führungskräfte, die trotz dieser Unsicherheiten belastbare, sprich zukunftssichere Entscheidungen treffen können, sind heute mehr denn je gefragt. Darüber hinaus werden durch abteilungs-, hierarchie- und unternehmensübergreifende Teams bis hin zu sogenannten Value-Networks mittlerweile Fähigkeiten und Kenntnisse von den Führungskräften verlangt, die so bisher selten oder gar nicht gefordert wurden.

Das führt dazu, dass nun auch das ehemalige „Biotop Management" im Gegensatz zu früher – und nicht nur in wirtschaftlich turbulenten Zeiten – auf dem Prüfstand steht.

Führungskräfte, ob im kleinen, mittelständischen Unternehmen oder im Großunternehmen, die ihren Job behalten, ernst nehmen und ausfüllen wollen, haben heute die vorrangige Aufgabe, die ihnen anvertrauten Mitarbeiter zu echten Teamplayern zu entwickeln, um sich damit „Freiräume" zu schaffen und in die Lage zu bringen, die oben geschilderten Anforderungen zu erfüllen. Hierbei können sie beweisen, dass sie nicht nur die bessere Führungskraft, sondern der – für die zu erbringende Leistung – beste Teamcoach sind.

Die heutigen Innovationen sind immer weniger das Ergebnis der Überlegungen einzelner Experten als vielmehr das Resultat des Zusammenwirkens mehrerer Know-how-Träger in einem Team oder einer Knowledge-Community. Einerseits sind die Teammitglieder kritischer und selbstbewusster geworden und andererseits werden an sie immer höhere Anforderungen gestellt, die diese nur durch exzellente Führung und Qualifikation erfüllen können. Wer als Teamcoach in der Lage ist, das Verhalten seiner Teammitglieder richtig wahrzunehmen, zu interpretieren und die oft divergierenden Interessen „unter einen Hut" zu bringen, wird sein Team effizient und erfolgreich führen und daraus ein „Powerteam" oder eine Knowledge-Community bilden können.

Dies können die Führungskräfte am sichersten erreichen, indem sie Teamcoaching als zukunftsichernde Führungsaufgabe respektive als Führungsstil entwickeln. Dadurch fördern sie bei ihren Mitarbeitern ein neues Selbstverständnis als Teamplayer wie auch ihre eigene Qualifikation. Teamcoaching verlangt sowohl ein auf das Individuum ausgerichtetes als auch ein auf die berufliche Umwelt achtendes und integriertes Lernen. Es berücksichtigt und achtet damit zugleich die Individualität des Teammitglieds und die Umfeldbedingungen des Unternehmens oder der Organisation, in denen Lernen stattfinden soll, ohne das Individuum oder die Organisation zu überfordern.

Teamcoaching scheint uns eine der wirkungsvollsten Ergänzungen der Managementaufgaben und Managementstile der letzten Jahre, um den heutigen Anforderungen in Unternehmen gerecht zu werden.

In den folgenden Kapiteln erfahren Sie, was Teamcoaching bedeutet, welche Voraussetzungen zu beachten sind und welchen Grundsätzen Teamcoaching folgt. Insbesondere wird darauf geachtet herauszuarbeiten, welchen Nutzen Teamcoaching als Führungsstil Ihnen, Ihren Teammitgliedern und Ihrem Unternehmen bietet.

1.1 Begriffsklärung – Definitionen – Grundsätze

Der Begriff Teamcoaching setzt sich zusammen aus den beiden Begriffen Team und Coaching und löst daher viele Assoziationen, eventuell sogar Missverständnisse oder Irritationen aus. Daher wird zunächst klar definiert, was Teamcoaching ist und auch was es *nicht* ist und welche Anforderungen an eine Führungskraft als zukünftiger Teamcoach gestellt werden.

Was ist ein System, was bedeutet systemisch?

Da ein Team und demzufolge auch Teamcoaching nicht isoliert betrachtet werden sollte, da Teamcoaching nicht im luftleeren Raum, sondern innerhalb einer komplexen Organisation/System stattfindet, wird nachfolgend kurz auf das System mit seinen Vernetzungen und komplexen Abhängigkeiten eingegangen.

Viele Systemtheoretiker verstehen ein System nicht als realen Gegenstand, sondern als Modell der Realität. Ein Modell ist nicht richtig oder falsch, sondern mehr oder weniger zweckmäßig. Da sich viele Wissenschaften mit Systemen beschäftigen, definiert auch jede Wissenschaftsrichtung die Systeme aus ihrer Sicht. So kommt es, dass gleiche Begriffe mit unterschiedlichen Bedeutungen belegt werden. Die Entwicklung einer einheitlichen Systemtheorie ist zurzeit noch nicht abgeschlossen. Entscheidend für uns ist jedoch, dass bei systemischer Vorgehensweise die Erfolgswahrscheinlichkeit und Effizienz von Teamcoaching gesteigert werden können.

Folgender Definitionsvorschlag dient uns als Grundlage:

> **Als System wird eine Gesamtheit von definierten Elementen verstanden, die so aufeinander bezogen sind und in einer Weise sich gegenseitig beeinflussen, dass sie als eine aufgaben-, sinn- oder zweckgebundene Einheit angesehen werden können und sich in dieser Hinsicht gegenüber der sie umgebenden Umwelt abgrenzen.**

Bei unseren real existierenden wirtschaftspolitischen und gesellschaftlichen Systemen kommt hinzu, dass Menschen als Elemente nicht nur einem System sondern oft mehreren Systemen gleichzeitig angehören und die Interaktionen in den einzelnen Systemen Auswirkungen auf das Verhalten in den anderen Systemen haben.

Werden daher sowohl die individuellen Interessen der in einer Organisation Beschäftigten als auch die Interessen der Organisation als Gesamtsystem berücksichtigt, dann spricht man von einer *systemischen Betrachtungs- und Vorgehensweise.*

Komplexe Probleme lassen sich z. B. nicht lösen, wenn man seine Aufmerksamkeit lediglich auf eine Komponente des Gesamtsystems (z. B. die Person, das Team, die Prozesse, die Organisation) fokussiert, sondern man sollte das ganze System und seine Wechselwirkungen berücksichtigen. Einfacher könnte folgendermaßen formuliert werden:

> **Alles ist mit allem irgendwie verbunden, alles ist vernetzt.**

✎ Übung

Nehmen Sie ein dickes Wollknäuel und werfen Sie es in Ihrem Team einem Mitglied zu. Der Fänger soll den Faden in der Hand behalten und das Knäuel weiter werfen zu einem anderen, bis jeder – je nach Teamgröße – mindestens vier bis fünf Fäden in der Hand hält. Es entsteht ein schönes Sinnbild dafür, wie wir miteinander vernetzt sind. Die Fäden (Beziehungen/Verbindungen) dürfen nicht durchhängen, sondern sollten unter „Spannung/Zug" gehalten werden, damit Kommunikation funktionieren kann. Dies als Teamcoach zu thematisieren, schafft auch ein Bewusstsein dafür, wie sehr alle aufeinander angewiesen sind.

Quelle: fotolia.com/id/8050734
Abbildung 1: *Alles ist vernetzt*

Welche Konsequenzen folgen daraus für den Teamcoach?

1. Unterschiedliche Personen erleben die gleiche Situation unterschiedlich. Jede Person hat ihre eigene Wahrnehmung. Sie konstruieren sich ihre Welt, sie machen sich ein Bild von ihrer Welt.

2. Dieses Bild von der Welt ist das Ergebnis eines „internen Abgleichs“ mit den gemachten Erfahrungen, Erlebnissen etc. Es wird mit inneren Bildern zur Deckung gebracht und gedeutet.

3. Die individuelle Deutung, die Personen einer Situation verleihen, bestimmt ihr subjektives Handeln. Aufgrund ihrer Wahrnehmung und der Bedeutung, die Personen dieser geben, werden also deren auch unbewusste Handlungen gesteuert.

4. Auch das Verhalten sozialer Systeme wie Teams oder Organisationen ist von den Bildern bestimmt, die sich die Personen, die innerhalb des Systems miteinander interagieren, von ihrer Wirklichkeit machen; sie konstruieren sich ihre Wirklichkeit (Förster, 1985, S. 39 ff.).

Oder kürzer formuliert:

Alles ist konstruiert ... und
überall dort, wo Menschen agieren, menschelt's eben!

Beispiel

Wenn ein Teamcoach von einem Teammitglied A hört, dass B ihn mobbt, gilt es genau hinzuschauen und sich bewusst zu sein, dass auch die eigene Perspektive nur eine von vielen möglichen ist. Der „Film“, den A in seinem Kopf ablaufen lässt, kann dazu führen, dass der Teamcoach B gleich vorverurteilt. Hat er jedoch von A das Bild eines „Jammerlappens“, der sich nicht so anstellen soll, wird er vielleicht innerlich Position für B beziehen.

Deshalb ist eine Schulung in systemischer Betrachtungsweise für die Arbeit mit Teams sehr nützlich und hilfreich.

Wann ist eine Gruppe ein Team und wann nicht?

Gemäß der Definition von Katzenbach/Smith ist ein Team ...

„eine kleine Gruppe von Personen, deren Fähigkeiten einander ergänzen und die sich für eine gemeinsame Sache, gemeinsame Leistungsziele und einen gemeinsamen Arbeitsansatz engagieren und sich gegenseitig zur Verantwortung ziehen“. (Katzenbach/Smith, 1993, S. 71)

Kann jemand in einem Team mitarbeiten, der einer anderen Abteilung angehört, in einem anderen Gebäude, einer anderen Stadt oder Kontinent sitzt oder sogar Mitarbeiter eines anderen Unternehmens ist? Wenn ja, dann müssen obige Definitionen ein wenig präzisiert werden. Heutzutage ist jedes Teammitglied ohnehin mehrfach vernetzt, d. h., es gehört mehreren Systemen an bzw. es bestehen mehrere Netze von Menschen, mit denen das Individuum eine Leistung erbringt und für die es die Verantwortung trägt.

Was ist mit den sogenannten „virtuellen Teams“, die über den gesamten Globus verteilt sein können? Ist der Ausdruck „virtuelles Team“ überhaupt korrekt? Es handelt sich doch nicht um Avatare, sondern um real existierende Menschen. Wäre es nicht technisch korrekter, statt von virtuellen Teams von informationstechnisch vernetzten Teams zu sprechen, womit der globalen Vernetzung – als Hilfsmittel des Zusammenhalts – mehr entsprochen wird? In solchen Teams werden die klassischen Mechanismen von Führung wohl nur noch schwer greifen.

So betrachtet ist ein Team kein natürliches Gebilde mehr – weder räumlich noch geografisch eingrenzbar – und benötigt daher auch andere Führungs- und Steuerungsinstrumente. Entscheidend ist daher die Antwort auf die Frage: Für wen wird eine Leistung erbracht und um welche Verantwortung und Leistung geht es im Moment?

Unserer Meinung nach ist eine Gruppe noch kein Team. Andere Autoren bestreiten die Möglichkeit einer wissenschaftlich sinnvollen Trennung der Begriffe Team und Gruppe. Eine Reisegruppe im Bus, Zug oder Flugzeug hat wohl kurzfristig ein gleiches Ziel, allerdings tragen die Reisenden nur in den seltensten Fällen die Verantwortung für die Zielerreichung.

Was ist zu tun, um aus einer „zusammengewürfelten" Gruppe ein Powerteam zu machen? Krüger (2008, S. 9) hebt sieben Aufgaben hervor:

1. Die Interessen der Gruppe harmonisieren
2. Klare und von jedem akzeptierte Teamziele definieren
3. Der Arbeit in dieser Gruppe Priorität gegenüber anderen Verpflichtungen verleihen
4. Die Verbindlichkeit von Termin- und Aufgabenabsprachen erhöhen
5. Interne Konkurrenzkämpfe beenden
6. Interne Kommunikation verbessern
7. Gruppenloyalität erhöhen

Darüber hinaus ist es notwendig, nach Synergieeffekten, den Fähigkeiten der Gruppenmitglieder und nach den Möglichkeiten der Selbstorganisation zu differenzieren.

Daher ist es sinnvoll, ein Team und dessen Mitglieder nach der Verantwortung für die Erbringung einer gemeinsamen Leistung zu definieren:

Ein Team ist eine Gruppe von Menschen, die zusammenarbeiten müssen, um für ein Unternehmen in eigener Verantwortung eine gemeinsame Leistung zu erbringen.

Coaching – moderner Schnickschnack?

Da heute der Begriff Coaching – ebenso wie der Begriff System oder systemisch – oft inflationär und damit missverständlich oder falsch verwendet wird, wollen wir zunächst beschreiben, was wir unter Coaching verstehen.

Eine praxisgerechte Differenzierung ergibt sich, wenn man die Beziehungsverhältnisse der Beteiligten betrachtet, wie z. B. interner Coach versus externer Coach oder interner Coach aus der Personalabteilung versus interner Coach, der zugleich auch der Vorgesetzte ist, also die Führungskraft als Coach.

Wird Coaching innerhalb von Führung realisiert, dann meint sie einen bestimmten Stil in der Gestaltung einer durch das Unternehmen oder die Organisation definierten Beziehung. Coaching als Führungsstil!

Wird aber Coaching als eigene Dienstleistung angeboten, unabhängig davon, ob intern angeboten oder extern „eingekauft", dann handelt es sich um eine besondere Form von Beratung, für die in der Regel zwischen unabhängigen Parteien eine eigene Beziehung durch Vertrag etabliert wird. Die folgende Definition entstammt Whitmore (1993, S. 10).

> ***„Gutes Coaching ist eine Fertigkeit, möglicherweise sogar eine Kunst, die gründlich verstanden werden muss und viel Übung erfordert, soll sie ihre erstaunliche Kraft entfalten.“* ... und ...**
>
> ***„Coaching ist eine ganz besondere Gesprächsform; nicht jedes Gespräch ist Coaching.“***

Den Begriff Coach kennen wir aus dem Sport. Dort betreut und begleitet der Coach einzelne Sportler oder eine Mannschaft, ein Team. Er fördert, fordert, berät, trainiert und unterstützt.

Aus dem Sport können wir schon einige *Grundregeln* zum Coaching ableiten:

1. Sportler ebenso wie Teammitglieder brauchen kontinuierliches, regelmäßiges Training und manchmal auch individuelles Coaching.
2. Sie steigern ihre Leistungen sukzessive. Der Sieg, der neue Rekord, das „Wunder“ passiert nicht von heute auf morgen, sondern ist Ergebnis von ständigem Training und Coaching.
3. Coaching funktioniert nur auf freiwilliger Basis, auch wenn es manchmal viel Energie und Überwindung kostet. Die Profis wissen, dass es ihnen nützt und sie dadurch noch erfolgreicher werden.
4. Der Coach entwickelt mit den Sportlern individuelle, positive Ziele und ein klares Zielfoto. Daran richtet sich ihr gemeinsamer Entwicklungs- und Coachingplan aus.

Der Coach steht am Spielfeldrand, beobachtet, feuert an, aber er greift nicht ins Spiel ein. Dies setzt Vertrauen in die Fähigkeiten des Teammitglieds und Wertschätzung voraus.

> **Coaching-„Regel“ nach von Troschke:**
>
> **R – Regelmäßig**
> **E – Evolutionär**
> **G – Gewollt**
> **E – Entwicklung auf positive Ziele**
> **L – Leistung ohne Einmischung**

(v. Troschke, 2001, S. 502)

Coaching hat vor allem die Persönlichkeit des Klienten/Coachees im Fokus. Der Coach hilft dem Coachee, durch individuelle Beratung spezielle berufliche Fähigkeiten auszubauen oder zu verbessern, wobei dieser Entwicklungsprozess in erster Linie eine Art Selbstreflexion und Hilfe zur Selbsthilfe und Selbststeuerung bleibt. Im Coaching werden u. a. verdeckte Ressourcen erkannt, benannt und damit nutzbar gemacht. Coaching ist somit genau genommen ein Beratungsformat zur Weiterentwicklung einer Person. Im Gegensatz zur Beratung soll der Klient die Lösung selber finden.

Zusammenfassend kann festgehalten werden, dass die Grundlagen des systemischen Coachings aus den Erkenntnissen der Systemtheorie vor allem Niklas Luhmanns und von den Philosophen des radikalen Konstruktivismus, Heinz von Foerster, Humberto Maturana und Ernst von Glasersfeld gebildet wurden. Die Vertreter sowohl der Systemischen Therapie, Steve de Shazer, Insoo Kim Berg, Kurt Ludewig, als auch der personalen Systemtheorie, Gregory Bateson und Paul Watzlawick, haben ebenfalls entscheidend dazu beigetragen.

Was ist Teamcoaching?

Wenn Sie nun Ihr Verständnis von einem System, einem Team und von Coaching auf Teamcoaching übertragen, wie lautet dann Ihre Definition von Teamcoaching?

Meine Definition von Teamcoaching lautet:

Fragen wir Führungskräfte in unseren Seminaren nach ihrer Definition, so erhalten wir folgende Antworten:

Systemisches Teamcoaching bedeutet:

- Das Ganze (die Gesamtorganisation) im Blick haben
- Berücksichtigung von personalen und organisationalen Interessen
- Personal-, Team- und Organisationsentwicklung
- Teamerfolg vor Individualerfolg
- Dauerhafter Entwicklungsprozess
- Standortbestimmung des Teams
- Weiterentwicklung des Teams
- Hilfe zur Selbsthilfe
- Gruppendynamik nutzen
- Vertrauen schaffen und in die Teammitglieder haben
- Probleme im Team erkennen, mit dem Team Lösungsansätze finden
- Lust auf Erfolg vermitteln
- Erkenntnisse fördern

- Lernen zu lernen
- (Verbesserungs-)Maßnahmen zusammen erarbeiten und verfolgen
- Sich als Führungskraft überflüssig machen

Diese zahlreichen Teilaspekte zeigen, dass Teamcoaching eine umfassende und herausfordernde Aufgabe für Führungskräfte darstellt. Wichtig ist dabei die Erkenntnis, dass ein Team ein Teilsystem einer Organisation darstellt und daher nicht isoliert betrachtet/gecoacht werden kann. Teamcoaching wird dabei als ressourcen- und lösungsorientierte Prozessberatung verstanden. Das Team ist „Experte" für seine Probleme und Lösungen, der Teamcoach ist Experte für den Weg zum Finden der Lösungen.

Der Teamcoach unterstützt das Team dabei, individuell passende Lösungen zu (er-)finden, und gibt eher selten Lösungen vor. Systemisches Teamcoaching betrachtet immer die Interaktion, also die Kommunikation beziehungsweise das Verhalten im System. Damit wird ein gewollter positiver Entwicklungsprozess sowohl für die Teammitglieder, für das Team als auch für die Organisation initiiert und gefördert. Es basiert in der Regel auf einer gemeinsamen Standortbeschreibung/Teamanalyse (vgl. auch Kapitel 2.3).

Der systemisch arbeitende Teamcoach unterstützt die Teammitglieder, sich in ihren Fähigkeiten im Team „on the Job" weiterzuentwickeln und Schwierigkeiten selbstständig mit dem Team zu meistern, ohne die Organisation zu überfordern, damit das Kompetenzpotenzial der Teammitglieder optimal zur Entfaltung kommt.

Unser Definitionsvorschlag:

Systemisches Teamcoaching ist die Beratung und Entwicklung von Teams, bei der Coachingperspektiven im Vordergrund stehen und die „Umfeldbedingungen" der Organisation mit berücksichtigt werden. Es bringt das Kompetenzpotenzial der Teammitglieder optimal zur Entfaltung.

1.2 Nutzen und Ziele von Teamcoaching

Selbstkritische Teamcoachs stellen sich u. a. folgende Fragen:

- Wie bilde ich ein erfolgreiches Team und sorge für effiziente Arbeitsabläufe?
- Wie motiviere ich meine Teammitglieder wirkungsvoll und nachhaltig?
- Wie werde ich vom Ressourcennutzer zum Potenzialentfalter?
- Wie können Widerstände und Autoritätskrisen konstruktiv zur Weiterentwicklung des Teams genutzt werden?

- Mit welchem Führungsstil kann ich die wachsenden Anforderungen an einen modernen Teamleiter am besten bewältigen?
- Wie steuere ich mich und mein Team am erfolgreichsten im organisationalen Beziehungsgeflecht?
- Wie reguliere ich für mich Nähe und Distanz zu den Teammitgliedern?
- Wie sichere ich meine eigene *Employability?*
- Wie kann ich die neuesten Erkenntnisse der Gehirnforschung für den beruflichen Alltag nutzen?

Bei der Beantwortung obiger Fragen stellt man schnell fest, dass es nicht genügt, den modernen Führungskräften Management-Basics beizubringen. Die Führungskräfte benötigen heute das Wissen über die psychologischen Zusammenhänge und Entwicklungen von Gruppendynamik und das professionelle Beherrschen von Coachingmethoden.

Von großem Nutzen wäre daher, wenn sich in den Unternehmen und Organisationen eine Teamcoaching-Kultur etablierte und sich Teamcoaching als Führungsaufgabe und damit zunehmend zum meistgenutzten Führungsstil entwickeln könnte. Die „Führungskraft als Teamcoach" würde sich dann zu einem Standardthema der betrieblichen Weiterbildung qualifizieren. Damit würden die Unternehmen sowohl den gewandelten Arbeitsprozessen und Organisationsstrukturen Rechnung tragen als auch den Wünschen der Mitarbeiter nach mehr Selbstverantwortung und Selbstverwirklichung.

Quelle: ioannis kounadeas – fotolia.com/id/9747336
Abbildung 2: *Vorteile durch Teamcoaching*

Nutzen und Ziele für die Teammitglieder, den Teamcoach und die Organisation:

- Teammitglieder werden geführt, gefördert, integriert und motiviert.
- Der Teamcoach kann komplexe Zusammenhänge wahrnehmen sowie in komplexen Strukturen denken.
- Probleme, die den Teamerfolg gefährden könnten, werden rechtzeitig erkannt und es wird angemessen darauf reagiert.
- Der Teamcoach hat ein starkes Rückgrat, um Konflikte zu erkennen, anzusprechen und mit dem Team zu lösen.
- Die für den Unternehmenserfolg strategisch wichtigen Aufgaben werden im Team erledigt.
- Der Teamcoach hat das gewünschte Teamcoaching-Know-how und -verständnis.
- Der Teamcoach kann in Entscheidungssituationen sich und seine Wirksamkeit als Moderator von Lösungsalternativen einbringen.
- Der Teamcoach kann die emotionalen und intellektuellen Erfahrungen der organisationalen Gruppendynamik unmittelbar zur Anhebung des Problemlöseniveaus in seinem Team anwenden.
- Es wird eine Erhöhung der Sensibilität für den Teamentwicklungsprozess, für die eigene Gesprächsführung und das eigene Verhalten erreicht.
- Die Kommunikation und Zusammenarbeit zwischen Teamcoach und Teammitglied werden verbessert.
- Teamcoaching führt zu Stressabbau und besserer Bewältigung von schwierigen Konfliktsituationen im Team.
- Teamchoaching führt zum Abbau von Unsicherheit und Blockaden bei Change-Prozessen.
- Teamchoaching fördert die Eigenverantwortlichkeit der Teammitglieder.
- Teamchaoching verringert Fluktuation im Team.

Daher ist gutes Teamcoaching:

- Animation zum freiwilligen und selbstverantwortlichen Mitwirken und Mitarbeiten
- Förderung von Potenzialen
- Organisation und Koordination von zielgerichteter Zusammenarbeit
- Basis und Fundament für Erfolg durch Arbeitsergebnisse

Im Team muss (selten) eine Arbeit doppelt gemacht werden: Ideen werden oft von einem Teammitglied eingebracht und von den anderen bis zur fertigen Lösung weiterentwickelt. Aus diesem Grund profitiert nicht nur das Team als Ganzes, sondern auch jeder Einzelne von den

Kenntnissen und Erfahrungen des anderen. Durch die ständig neuen Erkenntnisse erweitert jedes Teammitglied seinen Horizont.

Mit Teamcoaching etablieren Sie ein zeitgemäßes, wertvolles und effektives Personal-, Team- und Organisations-Entwicklungsinstrument in Ihrem Unternehmen.

1.3 Was ist Teamcoaching nicht?

„Wie herrlich ist es, dass niemand auch nur eine Minute zu warten braucht, um damit zu beginnen, die Welt zu verändern." Anne Frank

Eine der großen „Verführungen" für den Teamcoach ist, dass er sich durch seine Rolle berufen fühlt, sein „Helfersyndrom" auszuleben. Aber Teamcoaching geht nicht von der Grundhaltung aus „Ich helfe Ihnen", sondern „Wir erarbeiten die Lösung, ich unterstütze und begleite Sie dabei".

Nichts wird von einem Team mehr respektiert und akzeptiert als selbst entwickelte Lösungen, für die der Teamcoach eine Art „Steigbügelhalter" oder Katalysator war, nicht mehr.

Was Teamcoaching nicht sein sollte:

- Gespräche, Gespräche und noch mal Gespräche, bis zum Abwinken
- Antreiben nach dem Motto „machen, machen, machen bis zum Umfallen"
- Autoritäres Herrschen, willkürliches Befehlen, schikanierendes Dirigieren
- Zielloser Aktionismus
- eine multifunktionale Allzweckwaffe
- neuer Wein in alten Schläuchen
- Therapieersatz
- nur Feedback, ausschließlich Kritik, ständige Korrektur
- nur „Wunder"-Fragen stellen („Was wäre, wenn heute ein Wunder geschähe ...?")
- Belehrung oder Schulmeistern eines Teams
- Selbstzweck
- perfektes Vorzeigen
- einmalige Intervention

Teamcoaching will sowohl die Leistungsfähigkeit und Lösungskompetenz der einzelnen Teammitglieder und des Gesamtteams erhöhen als auch deren Zufriedenheit. Deshalb ist es wichtig, dass der Teamcoach nicht nur kritisch den Spiegel vorhält, Zauber- oder „Wunder"-Fragen stellt und Selbstreflexion des Teams betreibt, sondern auch auf die Stärken und das Entwicklungspotenzial des Teams achtet. Dabei spielen die Würdigung und Wertschätzung des schon Erreichten eine wesentliche Rolle. „Das ist doch eine Selbstverständlichkeit, dafür werden die Mitarbeiter ja schließlich bezahlt", oder „Nicht gemotzt ist schon genug gelobt", denkt viel zu oft immer noch so manche Führungskraft.

Doch die Bestärkung von positiven Eigenschaften und Stärken der Teammitglieder durch den Teamcoach ist für ein partnerschaftliches, wertschätzendes Teamcoaching unerlässlich, sonst ist es in Gefahr, zur ständigen Manöverkritik zu verkommen und von den Teammitgliedern als „Abwatschen" verstanden zu werden, wobei sich dann bald der sogenannte „Durchzugseffekt" einstellt.

Nur wenn Stärken wirklich erkannt wurden, können sie weiterentwickelt und gefördert werden. Und das ist in der Regel einfacher, als Schwächen zu beseitigen. Beides benötigt Zeit und kontinuierliche Förderung.

Deshalb sollte Teamcoaching als Prozess und nicht als einmalige Intervention verstanden werden.

Zuletzt noch ein Tipp:

Der Nutzen des Buchs für die Praxis wird für Sie umso stärker, wenn Sie sich am Ende jedes Kapitels konkrete Maßnahmen mit Termin überlegen, schriftlich notieren und anschließend mindestens einem vertrauten Menschen ausführlich davon erzählen.

Meine Erkenntnisse in diesem Kapitel:

Was kann ich tun, um diese Erkenntnisse für mich, mein Team und mein Unternehmen nutzbar zu machen?

Ab wann werde ich beginnen?____

2. Teamwork – na und?! Einführung – Auswahl – Entwicklung – Teamdynamik

Ob nun in der Diskussion um Teamarbeit eine Tendenz zur unkritischen Idealisierung, gar Heroisierung von Gemeinschaftsleistungen steckt, oder „oben einsam, unten gemeinsam" das Wort geredet wird, ist nicht die Frage. Die viel beschworene Teamarbeit wird sich weiter durchsetzen, die Frage ist nämlich nicht: „Können wir es uns leisten, Teamarbeit einzuführen?", sondern eher: „Können wir es uns leisten, auf Teamarbeit zu verzichten?"

Was ist also dran an der viel beschworenen Teamarbeit?! Handelt es sich hier um einen „Mythos vom Team", oder ist sie die Antwort auf eine sich verändernde Arbeitswelt mit den gestiegenen Ansprüchen der Mitarbeiter an eine sinnstiftende Arbeit? Ist Teamcoaching somit eine zeitgemäße Führungsaufgabe und ein Führungsstil, um den Anforderungen der Mitarbeiter und Unternehmen gerecht zu werden?

Durch die enormen Restrukturierungsmaßnahmen im vergangenen Jahrzehnt sind die Optimierungspotenziale in den einzelnen Unternehmensbereichen zum Großteil ausgeschöpft. Angefangen bei Leanmanagement und Leanproduction – der intelligent organisierten Produktion entlang der gesamten Wertschöpfungskette – über effiziente Strategien für Scheduling, Load-Balancing und routingoptimierte Lagerhaltung, bis hin zu Balanced Scorecard oder Six Sigma: Es lassen sich mittlerweile nur noch schwer Quantensprünge erzielen. Das gilt sowohl für das Steigern der Produktivität als auch der Effektivität oder der Reaktionsgeschwindigkeit der Unternehmen. Lediglich bei der Kreativität und Innovationskraft schlummern noch Reserven. Teams, Teamwork und Teamcoaching können helfen, diese Reserven zu mobilisieren.

Der Begriff „Team" ist aus heutigen Unternehmen und Organisationen nicht mehr wegzudenken und wird auch oft entsprechend inflationär benutzt. So gibt es Arbeitsteams – als müsste man die Arbeit besonders hervorheben –, Projektteams, Organisationsteams, Produktteams, Kundenteams, Serviceteams, Managementteams etc. Manchmal gewinnt man den Eindruck, dass es ohne Teams gar nicht mehr geht, dass Teams dabei einen Wert an sich hätten und nicht für einen ganz bestimmten Zweck zusammenkommen. Genau genommen gibt es nur den einen Zweck, eine Leistung zu erbringen, die von dem Einzelnen nicht erbracht oder nicht in der Zeit, nicht in der gewünschten Qualität oder Menge erbracht werden kann. Es gibt durchaus Aufgaben, die von einer Person besser, schneller und preiswerter erbracht werden können. Daher sollten Unternehmen – bevor sie Aufgaben an Teams übertragen – kritisch prüfen, ob diese Aufgaben „teamtauglich" sind, also wirklich effektiver und effizienter von einem Team bewerkstelligt werden können.

Das Arbeitsergebnis eines Teams sollte allerdings immer mehr als die Summe der Einzelergebnisse sein. Es sollte daher die Teamgleichung 2 + 2 = 5 gelten, wenn Teamarbeit funktioniert. In der Praxis gibt es jedoch durchaus Teams, bei denen die Gleichung 2 + 2 = 4 oder schlimmer noch 2 + 2 = 3 ergibt. Es scheinen in solchen Teams Kräfte zu wirken, die sich gegenseitig neutralisieren. Bei einem solchen Ergebnis ist dann der verantwortliche Teamcoach massiv gefordert. Worauf er dabei achten sollte und was er tun kann, damit Synergieeffekte entstehen, beschreiben wir in den folgenden Kapiteln.

2.1 Voraussetzungen für die Einführung

Ein Team ist eine Gruppe von Menschen, die zusammenarbeiten müssen, um in eigener Verantwortung eine gemeinsame Leistung zu erbringen. Das bedeutet schließlich auch, dass nicht jede Zusammensetzung von Menschen schon ein Team ist (vgl. Kapitel 1.1).

Mit Menschen umzugehen, sie optimal auszuwählen, zu integrieren, einzusetzen und zu halten, ist eine Kunst des Teamcoachs. Sie erfordert Menschenkenntnis, die Kompetenz, auf individuelle Unterschiede auch individuell eingehen zu können, verlangt das Wissen über Teamentwicklungsprozesse, Gruppendynamik, Teamcoaching und die gleichzeitige Berücksichtigung der wirtschaftlichen Rahmenbedingungen, innerhalb derer Teamarbeit vollzogen wird.

Gerade wenn Firmen mit den folgenden internen und externen Herausforderungen konfrontiert werden, wird die Erbringung der gewünschten Leistung in Form von Teams die zeitgemäße Antwort sein:

1. Die Kosten für die Leistungserbringung steigen.
2. Der Wettbewerbsdruck nimmt zu.
3. Die Kunden verlangen mehr Leistung für weniger Geld.
4. Der Markt zwingt zu kürzeren Produkt-Lebenszyklen.
5. Die Mitarbeiter verlangen nach anspruchsvolleren Tätigkeiten.
6. Die Mitarbeiter erwarten mehr Selbstständigkeit und Eigenverantwortung.
7. Die Mitarbeiter streben nach Selbstverwirklichung in der Arbeit.

Entscheidende Fragen bei der Einführung von Teamarbeit sind:

☑ Checkliste

- ✓ Was bringt mir ein Team und wie arbeitet es?
- ✓ Welchen wirtschaftlichen Nutzen hat ein Team?
- ✓ Wie sollte es aufgebaut bzw. zusammengesetzt sein?

✓ Welche Kompetenzen brauchen die Teammitglieder?

✓ Benötigt man einen Teamleiter oder sind Teams frei in ihrer Entscheidung?

✓ Wenn ein Teamleiter nötig ist, welche Führungsqualitäten sollte er dann haben?

✓ Sollte der Teamleiter sich überflüssig machen?

✓ Welche Rollen müssen eingenommen und ausgefüllt werden?

✓ Werden durch Teamwork wirklich die Wünsche und Ziele der Mitarbeiter, des Unternehmens und auch der Kunden berücksichtigt?

✓ Wie werden die Aufgabenbereiche der Teammitglieder voneinander abgegrenzt?

✓ Wie wird verhindert, dass die Teams im Unternehmen ein Inseldasein führen („Insel der Glückseligen")?

✓ Wie wird verhindert, dass ein Team sich nur noch mit sich selbst beschäftigt (Team als Selbstzweck, siehe oben)?

Professionell eingeführte Teamarbeit kann einem Unternehmen enorme Motivationsschübe bringen, Kreativität, Innovationskraft und Leistungspotenziale freisetzen. Das bedingt allerdings, dass den Teammitgliedern höhere Entscheidungsbefugnisse erteilt werden, damit sie ihre neuen Aufgaben selbst organisieren und flexibel und eigenverantwortlich handeln können. Um Teams erfolgreich zu machen und im Team erfolgreich zu sein, müssen daher die Rahmenbedingungen der Teamarbeit und die Unternehmenskultur angepasst werden. Es ist somit ein Umdenken im gesamten Unternehmen erforderlich.

> ***„Ein kluger Mensch macht nicht alle Fehler selbst. Er gibt auch anderen eine Chance."***
>
> **Winston Churchill**

Trotz aller Teameuphorie kann man immer wieder Kritiker antreffen, die auf den sogenannten *„Ringelmann-Effekt"* und das soziale Faulenzen bei Teamarbeit hinweisen. Der Franzose Max Ringelmann hatte erkannt, dass sich Menschen in einer Gruppe unbewusst zurückhalten. Es existiere die Gefahr, dass Mitarbeiter in einer Gruppe weniger leisten, als wenn sie alleine ihre Arbeit erledigten. Die viel belächelte und dummerweise in vielen Büros anzutreffende Kurzformel dafür lautete:

> **TEAM – T**oll, **E**in **A**nderer **M**acht's.
> **oder schlimmer noch:**
> **TEAM – T**error **E**goismus **A**ggression **M**obbing.

Wer kennt nicht das Wortspiel, das es in der englischen Sprache so prägnant auf den Punkt bringt: *„There are four people named Everybody, Somebody, Anybody and Nobody. There was an important job to be done and Everybody was asked to do it. Everybody was sure Somebody would do it. Anybody could have done it, but Nobody did it. Somebody got angry about that, because it was Everybody's job. Everybody thought Anybody could do it but Nobody realized, that Everybody wouldn't do it. It ended up that Everybody blamed Somebody when Nobody did what Anybody could have done."*

Es gibt mittlerweile viele Studien, die das Gegenteil beweisen. So widerlegen zwei aktuelle Erhebungen diesen über einhundert Jahre alten Ringelmann-Effekt. Der sogenannte *Kollegen-Effekt* bewirkt, dass die Arbeit im Team die Produktivität deutlich ansteigen lässt. Den Wissenschaftlern der Studie zufolge nimmt erst in der kollegialen Umgebung die Bereitschaft zu stärkerer Produktivität zu. So würden vor allem die Schwächeren im Team durch die Stärkeren mitgezogen und dadurch in ihrem Tun angespornt.

Die beiden Wissenschaftler Armin Falk und Andrea Ichino haben herausgefunden, dass es sich lohnt, einen besonders guten Mitarbeiter einzustellen und in ein Team zu integrieren. Er hebt nicht nur die Leistung der anderen Kollegen, sondern verbessert darüber hinaus auch noch die eigene Performance. Der Effekt einer *Kollegen-Umgebung* hängt allerdings maßgeblich von der Branche und dem Grad der abverlangten Kreativität ab (Studienname: Clean Evidence on Peer Effects, 2006, S. 39-57).

Auswertungen der „Haas School of Business" (nicht mit einem der Autoren verwandt oder verschwägert) haben ergeben, dass auch die individuelle Lebenssituation des Mitarbeiters berücksichtigt werden muss. Sie konnten die hinter dem Kollegen-Effekt liegenden Ursachen „sichtbar" machen. So arbeiten nur jene Kollegen schneller, die von Leistungsstärkeren gesehen werden können – nicht aber jene, die in deren Rücken sitzen. Außerdem nimmt der Effekt mit zunehmender räumlicher Entfernung stark ab. Auch das Wissen, mit starken Kollegen im Team zusammenzuarbeiten, lässt die Motivation wachsen, schneller zu arbeiten. (Studienname: Peers at Work, Mas/Moretti, 2009, S. 112-145)

Beispiel

Als eine Bank eine Wertpapierbank ausgegründete, wurden neue Teams zusammengestellt, die nicht mehr an einem Ort arbeiteten, sondern ein Teil befand sich in der Stadt F, ein anderer in der Stadt M. Die Team- und Abteilungsleiter erreichten mit den Mitarbeitern, die direkt vor Ort waren – also in „Sichtweite" arbeiteten –, eine deutlich höhere Produktivität als mit den Mitarbeitern, die sie nur gelegentlich zu Gesicht bekamen. Der Kollegen-Effekt fehlt also häufig bei räumlich getrennten Teams.

Ob die enge Zusammenarbeit mit Kollegen produktiver ist oder die ruhige und ungestörte Arbeit zu Hause – dazu gibt es geteilte Meinungen. Manche Produktivitätsgewinne durch Teamarbeit gehen auch wieder dadurch verloren, dass zwischen Menschen schnell einmal Streit oder Neid entsteht. Dadurch geht viel Energie verloren, auch gilt es, Mobbing zu verhindern. Beim Erkennen von Konflikten und Neid sollte der Teamcoach zeitnah mit dem Team respektive den Konfliktparteien sprechen, schlichten und die Ursachen beseitigen (vgl. Kapitel 5.1), sonst geht der oben genannte positive Teameffekt verloren.

In einer Kurzformel haben wir eine modernere Variante des Begriffs „Team“ kreiert, die gleichzeitig die Vorteile erkennen lässt:

> **TEAM** – **T**otale **E**ntfaltung **A**ller **M**öglichkeiten.

In der folgenden **Checkliste** können Sie prüfen, welche Vorteile der Teamarbeit für Sie überwiegen und ob es sich lohnt, in Ihrem Unternehmen Teamarbeit einzuführen:

☑ Checkliste

Vorteile	**Stimmt**	**Stimmt nicht**
Planungs- und Kontrollaufwand des Teamleiters reduziert sich		
Teams reagieren auf dynamische Anforderungen flexibler		
Wissen und Erfahrungen unterschiedlicher Mitarbeiter werden besser genutzt		
Verbesserte Problemlösungskompetenz		
Informationsfluss und Kommunikation innerhalb des Teams sind besser (geringere Verzerrung)		
Bessere Einbindung der Mitarbeiter in Entscheidungsprozesse		
Mitarbeiter haben mehr Freiräume		
Mitarbeiter identifizieren sich stärker mit dem Unternehmen		
Teammitglieder unterstützen sich gegenseitig		
Ziele der Teams werden im Laufe der Zeit anspruchsvoller		
Höhere Arbeitszufriedenheit und Motivation der Mitarbeiter		
Tätigkeiten werden abwechslungsreicher (Job-Enrichment)		
Differenziertere Wahrnehmung der Probleme		
Positionen bleiben nicht unverbunden nebeneinander, sondern werden eher miteinander konfrontiert und verknüpft		

Wenn Sie bei diesem Check mehr als sechs Mal „stimmt“ angekreuzt haben, sollten Sie bald damit beginnen, Teamarbeit einzuführen. Teamarbeit lässt sich allerdings nicht verordnen und auch nicht von heute auf morgen realisieren.

Voraussetzung dafür ist, dass das Unternehmen eine Organisationskultur (vgl. Kapitel 6.1) pflegt, die offen für Teamarbeit und deren Konsequenzen ist. Teamarbeit setzt ein Wertesystem und ein Menschenbild voraus, das davon ausgeht, dass der Mensch gerne Leistung erbringt und seine Arbeit gemeinsam mit anderen gestalten will und gestalten kann. Die Teamcoachs sollten daher ein positives Menschenbild und eine konstruktive Einstellung zur Teamarbeit mitbringen. Die Organisationsstrukturen, Prozesse, Aufgaben und Funktionen sollten im Unternehmen so gestaltet sein, dass sie sich für Teamarbeit eignen.

Wir halten nicht viel von idealen Anforderungsprofilen, weil sie unserer Meinung nach unrealistisch und auch irreführend sind. Es werden hierbei meistens Anforderungen gestellt, die niemand jemals erreichen kann. Damit sind sie im Grunde unnütz. Wenn wir es im Folgenden dennoch tun, dann nur aus einem einzigen Grund: um eine Leitlinie zu skizzieren, an die man sich annähern kann.

Wünschenswert sind also:

- Teamleiter und Teammitglieder haben Gestaltungsspielräume.
- Teammitglieder können flexibel auf neue Anforderungen reagieren.
- Die Kommunikation untereinander funktioniert reibungslos.
- Informationen werden zeitnah und vollständig weitergegeben.
- Aufgaben- und Verantwortungsbereiche lassen sich abgrenzen und beschreiben.
- Die Aufgaben des Teams sind so gestaltet, dass sie vollständig vom Team erfüllt werden können.
- Die Schnittstellen zu anderen Teams und deren Aufgaben sind bekannt und beschrieben (Eine ISO-Zertifizierung hilft, die Prozessabläufe und die Schnittstellen sauber zu beschreiben).
- Das Team sollte ausreichend Planungsspielraum und Kompetenzen haben, um seinen Arbeitsprozess selbst zu gestalten.
- Die Gesamtorganisation, insbesondere die benachbarten Teams oder Abteilungen, sollten die Teamarbeit unterstützen.
- Die Teamcoachs leiten die Teams nach Management by Objectives (MbO), d. h. mit Zielvereinbarungen.
- Die Arbeitszeitregelung sollte so ausgelegt sein, dass Teams ihre Aufgaben innerhalb des vereinbarten Rahmens erfüllen können.

Zugegeben, das ist viel verlangt, aber es hilft enorm als Orientierung und um Teamarbeit wirklich erfolgreich zu implementieren. Top-Management und Teamcoach sowie ggf. Betriebs- oder Personalrat stellen gemeinsam klar:

- Warum wird Teamarbeit eingeführt?
- Für welche Teams, Bereiche oder Abteilungen?
- Für welche Aufgaben?
- Sollen Sie temporär (z. B. Projektteams) oder dauerhaft eingerichtet werden?

Wichtig ist, dass am Ende alle oben genannten Interessengruppen von der Einführung der Teamarbeit überzeugt sind und einstimmig sagen:

Ja, wir wollen Teamarbeit!

> ***„Teamarbeit macht den Job nicht einfach(er), aber sie macht ihn oft erst möglich!"***

2.2 Auswahl und Ausbildung des Teamleiters: „Ene mene muh und aus bist du!"

Auch wenn es sehr unwissenschaftlich klingen mag, der Auswahlprozess der Teamcoachs geschieht auch heute noch oft nach diesem Kinderreim. Entweder, weil kein anderer da ist oder man intern besetzen *musste,* jemand jetzt mal „dran" war oder auch eine „Gefälligkeit" notwendig wurde. Es gibt eben auch heute noch Frösche, die ein Top-Manager manchmal schlucken muss, um dafür ein anderes – ihm wichtigeres Ziel – zu erreichen. Nach dem Motto: Eine Hand wäscht die andere! Eine Teamcoach-Auswahl erfolgt nicht immer nach Lehrbuch.

Wenn es stimmt, dass exzellente Unternehmen auch exzellente Mitarbeiter haben, dann bedeutet das auch, dass man klug investieren muss. Klug investieren heißt heute, in Menschen zu investieren – in Führungskräfte und deren Mitarbeiter. Proaktive Unternehmen investieren überdurchschnittlich viel in die Gewinnung, Integration und Entwicklung von hervorragenden Führungskräften. Wenn Unternehmen früher ihr Image, ihre Marke, ihre Produkte gepflegt haben, so müssen sie heute immer mehr ihre Mitarbeiter pflegen, um erfolgreich zu sein. Gerade weil der Erfolg vor allem von den Mitarbeitern und deren Führungskräften abhängig ist.

Auswahl des Bestgeeigneten

Den richtigen, oder besser formuliert, den bestgeeigneten Teamcoach zu finden und für die Aufgabe zu begeistern, ist eine wichtige Voraussetzung für den Erfolg eines Teams bzw. Projekts. Dabei ist zu beachten, dass es nicht nur besondere Persönlichkeitsmerkmale sind, die einen guten (erfolgreichen) Teamcoach auszeichnen, die richtige Auswahl hängt von mehreren Faktoren ab. Das sind:

- **Führungssituation:** u. a. Kultur des Landes, Branche, Organisationsstruktur, Organisationskultur, Funktion, Größe des geführten Teams, Art der Legitimation
- **Person des Führenden:** u. a. Intelligenz, soziale Kompetenz, Coaching-Kompetenz
- **Führungsverhalten:** u. a. Führungsstile, Interpretation der Führungsrolle, Vorbildverhalten
- **Führungserfolg:** u. a. Verhalten der geführten Mitarbeiter (Zufriedenheit, Engagement, Loyalität) sowie betriebswirtschaftliche Effektivität und Effizienz

Nicht vergessen werden darf, dass der „neue" Teamcoach ja mindestens Mitglied zweier Teams gleichzeitig ist. Er hat mit Sicherheit ebenfalls einen Chef, ist somit gleichzeitig Mitglied eines Managementteams und beobachtet seinen Chef aus dem Blickwinkel eines Teammitglieds. Er sitzt gewissermaßen an der Schnittstelle zwischen Führung und Kooperation. Als Teamcoach sollte er die wichtigen Schnittstellen-Personen, Meinungsführer oder Multiplikatoren im Unternehmen kennen und wenn möglich eine gute Beziehung zu ihnen pflegen. Stichwort: Networking. Diese Personen müssen nicht formal eine wichtige Position im Unternehmen einnehmen, aber ihr Wort und ihre Meinung zählen auf allen Ebenen. Diese Multiplikatoren als Freund und Gönner innerhalb eines betrieblichen Netzwerks zu haben, ist allemal nützlicher als das Gegenteil.

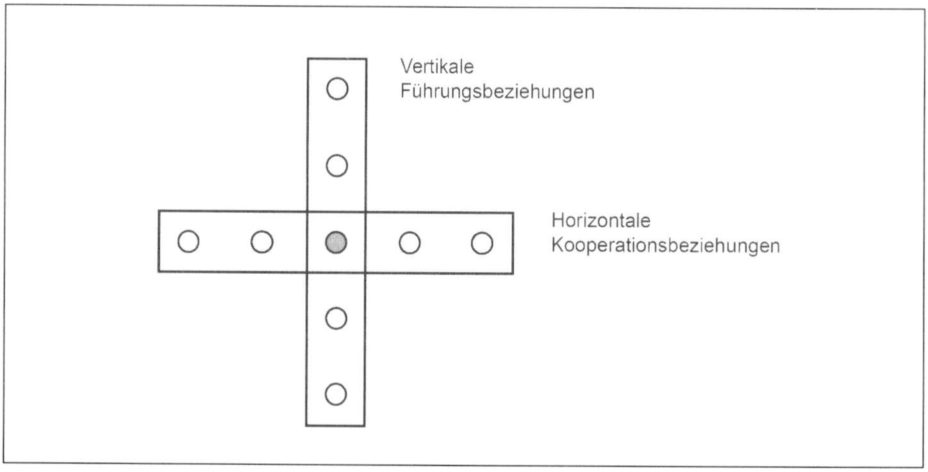

Abbildung 3: *Teamleiter als Mitglied zweier Teams*

Wer als Top-Manager frühzeitig eine fähige Führungskraft zum Teamcoach entwickeln möchte, kann mithilfe der folgenden Checkliste prüfen, ob die nachfolgend beschriebenen Fähigkeiten und Eigenschaften bei der ins Auge gefassten Führungskraft vorhanden sind. Wer für sich selbst entscheidet, kann sich folgendem Selbstcheck unterziehen:

☑ Checkliste für einen guten Teamcoach

Fähigkeiten	**Sehr gut**	**Gut**	**Mittelmäßig**	**Schlecht**
Offenheit				
Wahrnehmungsfähigkeit				
Perspektivenwechsel				
Unvoreingenommenheit				
Kontinuität				
Ausgeglichenheit				
Zuhören können				
Fragen können				
Begeisterungsfähigkeit				
Wertschätzung/Loben können				
Vertraulichkeit				
Vertrauen bildend				
Verbindlichkeit				
Ziel- und Werteorientierung				
Vorbildfunktion				
Prozessplanung				
Selbstmanagement				
Integrität				
Erfahrung als Teamleiter				
Glaubwürdigkeit				
Lehr- und Lernfähigkeit				
systemisches Denken				

Ein ausführliches Gespräch mithilfe der obigen Checkliste über die ...

- Komplexität der Aufgaben,
- Erwartungen an die Person,
- Rollenklärung im Team,
- zukünftige Kompetenzen und
- Klarheit über die dafür notwendige Ausbildung

... ist sowohl für den Top-Manager wie auch für den zukünftigen Teamcoach eine wichtige Voraussetzung auf dem Weg zum gemeinsamen Erfolg.

Schlüsselkompetenzen eines Teamcoachs

Ein Teamcoach ist heute weniger Fachvorgesetzter, sondern mehr Talent- und Performance-Manager und „nebenbei" auch Team- oder Projektleiter. Dies ist notwendig, da sich die Anforderungen an Teamleiter in den letzten Jahren stark verändert haben. Wie schon erwähnt, stehen Teamcoachs im Spannungsfeld von flexiblen Organisationsstrukturen, losen Arbeitsbeziehungen und selbstbestimmten Mitarbeitern.

Durch die unverbindlicher werdenden Arbeitsverhältnisse wird auch die Bezahlung flexibler und erfolgsabhängiger. Das hat zur Folge, dass künftig ausschließlich das Arbeitsergebnis zählt. Ort und Zeit der Leistungserbringung werden eine immer kleiner werdende Rolle spielen. Bei vielen Teammitgliedern wird sich dadurch auch die emotionale Bindung an „ihr" Unternehmen reduzieren und damit das Unternehmen seine Identitätskraft einbüßen. Es werden Teamcoachs benötigt, die in der Lage sind, die ihnen anvertrauten Teams, in Abhängigkeit der erreichten „Teamreife", angemessen zu begleiten, zu unterstützen, zu fordern und zu fördern und dabei das gewünschte Ergebnis im Fokus zu behalten.

Somit stellt sich unmittelbar die Frage: Welche Schlüsselkompetenzen sollte ein zukunftsorientierter Teamcoach heute besitzen, damit sein Team die gewünschten Leistungen erbringen kann?

Zu den Schlüsselkompetenzen der Zukunft zählen:

- **Personale Kompetenzen**
- **Handlungskompetenzen**
- **Sozial-kommunikative Kompetenzen**
- **Fach- und Methodenkompetenzen**
- **Coachingkompetenzen**

Abbildung 4: *Teamcoach-Kompetenzmodell*

Kann der Teamcoach eine große Anzahl der gewünschten Kompetenzen in sich vereinen und als professioneller Teamcoach agieren, dann erhält er Arbeitsteams mit einem hohen Maß an Selbstständigkeit, Selbstorganisation und Selbstverantwortung. Diese werden sich im „Glücksfall" zu autonomen Arbeitsteams (Self Directet Workteams) entwickeln. Das ist nicht unbedingt eine neue Erkenntnis, aber im Zusammenspiel mit Teamcoaching-Methoden und -Instrumenten eine Chance, den Aufgaben als Teamcoach auch in Zukunft gewachsen zu sein und diese mit Spaß und Freude am Job zu erfüllen oder die Freude am Job zurückzugewinnen. Im besten Falle kann sich der Teamcoach damit sogar überflüssig machen.

Die strategische Hebelwirkung erfolgreicher Teamcoachs ist enorm, denn selbst individuelle Erfolge einzelner Teammitglieder addieren sich zu einer sich gegenseitig verstärkenden Stoßkraft. Automatisch werden die Teamcoachs durch die Erfolge in ihrer Professionalität verstärkt, gleichzeitig steigt ihre natürliche Autorität. Die alte Formel – denken Sie positiv, konstruktiv und kreativ – hat nichts von ihrer Wirksamkeit verloren. Genau genommen sind Querdenker gefragt, die in der Lage sind, Bestehendes zu hinterfragen, und die Neuem gegenüber aufgeschlossen sind.

Machen Sie sich klar: Gewonnen wird im Kopf, verloren auch. Denken Sie daher vornehmlich an Chancen und Möglichkeiten statt an ein schwieriges Umfeld, einen unbequemen Kollegen oder Probleme. Ihr Denken bestimmt Ihre Handlungen. Wirksames Teamcoaching ermöglicht es, die aktuellen Herausforderungen leichter zu bewältigen und bessere Ergebnisse zu erzielen.

Damit wird deutlich, dass die klassische Rolle des Vorgesetzten ein Auslaufmodell ist, denn es reicht nicht mehr aus, sich auf seine Machtposition zurückzuziehen und einfach Anordnungen zu erteilen oder „Ansagen" zu machen. In wirtschaftlich anspruchsvollen Zeiten und des sich abzeichnenden Fachkräftemangels, hat der Teamcoach darüber hinaus die zusätzliche Aufgabe, Top-Performer für den Job zu begeistern, sie an das Unternehmen zu binden und Identifikation zu stiften. Damit wächst sogleich die künftige Bedeutung des Teamcoachs als Integrationsfigur und Teambuilder.

Um den hohen Erwartungsdruck an einen Teamcoach gleich etwas abzumildern, legen wir Wert auf die Feststellung, dass es sich hier nicht um einen Zauberer oder Wunderheiler handelt. Sicher ist allerdings auch, dass Exzellenz ohne Kompetenz nicht möglich ist.

Ich bin nicht sicher, dass es besser wird,
wenn wir es anders machen,
aber ich bin sicher, dass wir es anders machen müssen,
damit es besser werden kann!

Teamcoachs mit System ausbilden

Die sorgfältige Auswahl des zukünftigen Teamcoachs ist der erste wichtige Schritt. Der zweite ist eine Ausbildung zum Teamcoach, in der die Grundlagen über zwischenmenschliche Kommunikation, Teamentwicklung, Gruppendynamik, Persönlichkeitsmodelle, Teamanalysen u. v. a. vermittelt werden. Hauptziel ist jedoch, möglichst viel Praxiserfahrung im Führen von Teams und Coachinggesprächen zu gewinnen und schwierige Situationen zu meistern. Eine Ausbildung zum Teamcoach ist mit Sicherheit ein großer Gewinn für eine Führungskraft. Kluge Unternehmensleitungen finanzieren solche Ausbildungen oder haben sogar eine entsprechende interne Ausbildung – als Karriereschritt – vorgesehen.

Es gibt viele Ausbildungsmöglichkeiten und -wege zu einem guten Teamcoach. Auch existieren zahlreiche Coachingverbände mit unterschiedlichen Ausbildungsansätzen. Der zukünftige Teamcoach muss keine akademische Vorbildung haben, er sollte jedoch in der Lage sein, sich mit komplexen Sachverhalten auseinanderzusetzen.

Ein Merkmal aller Ausbildungskonzepte ist, dass sie sich über einen längeren Zeitraum – zuweilen über Jahre erstrecken. Dahinter steckt die Einsicht: Professionelle Teamcoachs fallen nicht vom Himmel. Sie entwickeln sich, sie „reifen". Der Vergleich mit gutem Käse oder exzellentem Wein liegt auf der Hand, doch greift er zu kurz. Unter anderem deshalb, weil Professionalität nicht notwendigerweise eine Frage des Alters ist.

Ein weiteres gemeinsames Merkmal der angebotenen Ausbildungen ist: Sie werden meistens mit einer Zertifizierung abgeschlossen. Auch wenn die diversen Coachingverbände noch um eine Vereinheitlichung der Zertifizierungsinhalte ringen, so ist dennoch wichtig, dass in den Unternehmen und Organisationen die angestrebte Teamcoaching-Kultur entsteht. Daher sollten die individuellen Entwicklungsmaßnahmen sowohl für die Personal- als auch für die Organisationsentwicklung in einem einheitlichen kollektiven Entwicklungskonzept verankert sein. **Das Top-Management muss dahinterstehen!**

Viele Unternehmen konzipieren schon heute umfassende Teamcoaching-Ausbildungen für ihre Führungskräfte. Diese sollen ihnen das Rüstzeug zum Bewältigen komplexer Aufgabenstellungen und zum Coachen von Teams vermitteln. Dabei erfolgt die Wissensvermittlung nie rein theoretisch. Vielmehr arbeiten die angehenden Teamcoachs parallel in ihren „Herkunftsteams“. Auf diese Weise können sie das frisch erworbene Wissen unmittelbar in die eigene Praxis übertragen. Oft ist der Erwerb der Teamcoaching-Qualifikation eine Voraussetzung für die Übernahme höher qualifizierter (und dotierter) Positionen. Damit wird versucht sicherzustellen, dass das Unternehmen langfristig über die notwendige Anzahl an benötigten Teamcoachs verfügt.

Ob die Ausbildung zu einem „guten“ Teamcoach in Theorie und Praxis gelungen ist, erkennt man an:

1. **seinem Vorbildcharakter.** Er sollte nicht Wasser predigen und selbst Wein trinken. Seine Taten sollen für ihn sprechen, denn daran wird er nicht nur erkannt, sondern auch gemessen.
2. **seinen Fragen.** Ein guter Teamcoach stellt mehr Fragen, als er Antworten gibt. Er befähigt seine Coachees, sich selbst zu helfen und die eigenen Ressourcen zur Aufgabenerfüllung zu nutzen. Er agiert mehr als Potenzialentfalter denn als Besserwisser und „Dampfplauderer“.
3. **seiner Authentizität.** Er sollte authentisch bleiben und keine Rolle vorspielen. Er vermeidet grundsätzlich Führungsstile, die seinem eigenen Charakter fundamental entgegenstehen, da das fast immer aufgesetzt wirkt. Das authentische Handeln des Teamcoachs ist entscheidend dafür, dass die Coachees ihm glauben und Vertrauen zu ihm aufbauen können. Ein authentisches, berechenbares, konsequentes Handeln und charakterliche Integrität sind daher wirksamer und erfolgreicher als nur Worte.
4. **seiner Offenheit und Aufrichtigkeit.** Er sollte erklären, warum er so und nicht anders entschieden hat, so und nicht anders führt. Seine Entscheidungen sollten transparent und nachvollziehbar sein.
5. **seinem Führungsstil.** Er sollte seinen Führungsstil nicht allzu oft wechseln, allerdings kritisch hinterfragen, ob dieser die gewünschten Ergebnisse bringt. Das bedeutet nicht, dass er nur einen Führungsstil beherrschen und benutzen sollte, sondern dass er in der Lage ist, den situativ passenden Führungsstil anzuwenden.

6. **der Folgerichtigkeit im Denken und Handeln.** Er hält sich selbst auch an die von ihm aufgestellten Regeln. Das erhält ihm seine Glaub- und Vertrauenswürdigkeit.

7. **seiner Flexibilität und seinem Augenmaß.** Ein guter Coach greift wenig ein und wenn, dann an den richtigen Stellen und zum richtigen Zeitpunkt.

8. **an seinem Kontrollverhalten.** Ein guter Teamcoach macht nur Stichproben statt Vollerhebung und kontrolliert die Teammitglieder in Abhängigkeit von der Dauer der Teamzugehörigkeit und Reife.

9. **seiner Fähigkeit, Gespräche zu führen, Visionen zu vermitteln, Interessen zu vertreten.** Ein guter Teamcoach kommuniziert offen und mit Begeisterung. So lernt er die Teammitglieder besser kennen und Beziehungen haben die Chance zu wachsen. Die persönliche Pflege des Kommunikationsgeschehens, von der aufrichtigen Anteilnahme bis zur Erzeugung emotional geankerter Folgebereitschaft im kollektiven „Ja", bildet die Basis des gewünschten Erfolgs.

Nur wer Menschen wirklich mag,
sollte Teamcoach werden!

2.3 Auswahl der Teammitglieder: „Er liebt mich – er liebt mich nicht – er liebt mich ..."

Wenn möglich, sollte der Teamleiter zuerst ausgewählt werden, damit dieser dann die Chance hat, sich „sein Team" selbst zusammenzustellen, anhand von Tests, Fragebögen, Kompetenzprofilen, Teamanalysen, Diagnoseinstrumenten usw.; soweit die Theorie. In der Praxis existieren sehr oft schon Mitarbeiter oder eine große Anzahl von Personen, die in das neue Team „übernommen" werden sollen. Der „neue" Teamcoach wird dann, sobald im Amt befindlich, – idealerweise – die bestgeeigneten Teammitglieder auswählen und gemäß ihren Eigenschaften, Präferenzen, Fähigkeiten und Fachkenntnissen einsetzen.

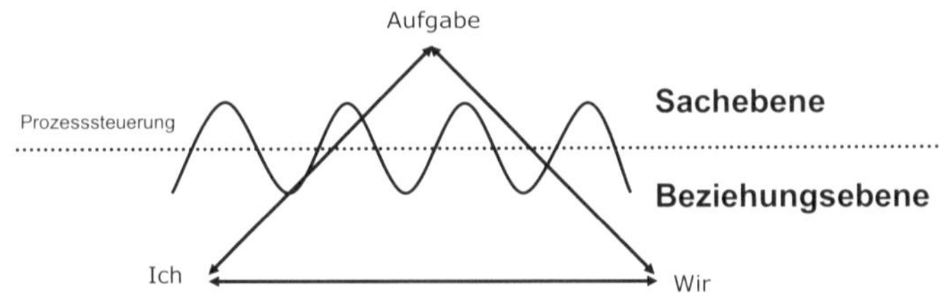

Abbildung 5: *Teamzusammensetzung – Aufgabenfokussierung*

Grundsätzlich ist die zentrale Aufgabe des Teamcoachs die Entwicklung ausgewogener und effektiver Teams, die ihre Ziele erreichen, effektiv kooperieren und Konflikte selbst lösen können. Wenn das dem Teamcoach gelingt, hat er alles richtig gemacht, fast wie bei einer Fußballmannschaft. Wenn nicht, dann ... fast wie bei einer Fußballmannschaft!

Für den Teamcoach ist es entscheidend, die richtige Mischung von Talenten zu finden, die die Aufgabe technisch beherrschen, teamfähig sind und genügend Schwung und Enthusiasmus für ihre Arbeit mitbringen. Es kommt häufig vor, dass der Teamcoach auf der Basis von unzureichenden Informationen schwierige Entscheidungen treffen muss; ein überlegt zusammengestelltes Team kann durch ein breites Spektrum von Talenten die Qualität solcher Entscheidungen bedeutend erhöhen. Wenn das Team sorgfältig aufgebaut worden ist, dann hat diese Art der Entscheidungsfindung, wie es z. B. die Mitarbeiter des Apollo-Raumfahrtprojektes („Houston, we've got a problem.“) eindrucksvoll demonstriert haben, einen großen Vorteil. In den Händen von Scharlatanen verwandelt sich diese Methode jedoch in eine Gebrauchsanleitung zur Herstellung von Chaos und Unsinn.

Teams sollten daher bewusst heterogen besetzt werden, denn je heterogener ein Team zusammengesetzt ist, umso besser die Rollenverteilung (siehe unten TMS) und damit die Leistungsfähigkeit des Teams. Doch Vorsicht: Die Teammitglieder haben oft eine unterschiedliche Vorbildung, sind von ganz anderen Berufs- und Lebenserfahrungen geprägt, können aus verschiedenen Kulturkreisen kommen und gegensätzliche Charaktere und Mentalitäten besitzen. Das kann zur Folge haben, dass die Teammitglieder nicht „dieselbe Sprache“ sprechen oder die Chemie ganz einfach nicht stimmt. Von effektiver Teamarbeit sind diese Gruppen weit entfernt.

Dass ein Team zusammenpasst, unterschiedslos ob vorgefunden oder neu zusammengestellt, ist weder selbstverständlich noch fügt es sich von alleine. Es ist fast schon „natürlich“, wenn es zu Irritationen oder Konflikten kommt. Der Grund dafür ist oft die gewünschte Unterschiedlichkeit der Teammitglieder („Diversity“). Obwohl gerade andere Standpunkte, Überzeugungen oder Vorgehensweisen einen großen Gewinn für ein Team darstellen, so sind sie manchmal die Quelle von Unstimmigkeiten, Verwirrung oder Konflikten. Konflikte sind per se nichts Schlimmes, es kommt nur darauf an, wie der Teamcoach diesen Konflikt „managt“ (vgl. Kapitel 5.1). Entscheidend ist, ob er in der Lage ist, die Konfliktenergie – die sehr hoch sein kann – positiv zu kanalisieren, d. h. nutzbar zu machen. Prallen allerdings die beiden Konfliktparteien – wie bei einem Frontalzusammenstoß zweier Pkw – so zusammen, dass die Konfliktenergie zur Neutralisierung beider Kontrahenten führt, dann ergibt 2 + 2 = 0.

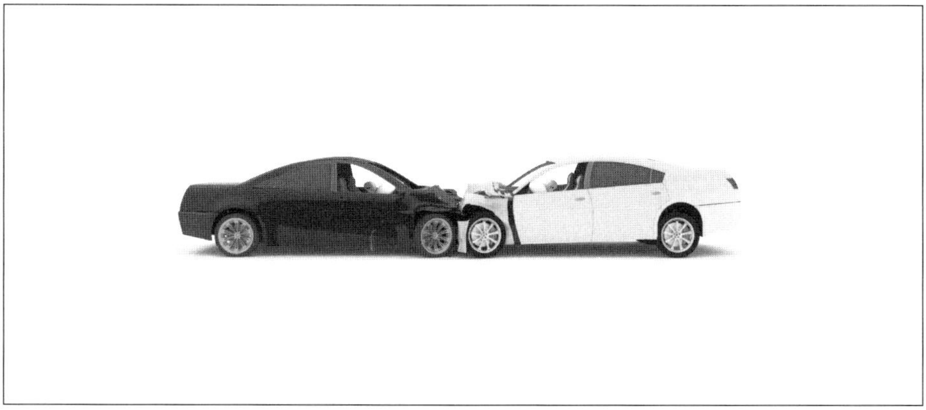

Quelle: ©Istock.com/Cla78
Abbildung 6: *Konfliktenergie 2 + 2 = 0*

Daher sollte bei der Auswahl und Zusammensetzung der einzelnen Teammitglieder viel Wert auf deren soziale und kommunikative Kompetenzen gelegt werden. Die fachlichen und methodischen Kompetenzen müssen auch aufeinander abgestimmt sein, damit eine flexible und reibungslose Zusammenarbeit möglich wird. Dann, und oft nur dann, kommen Sie dem Ideal sehr nahe, nämlich ein Team zu haben, das perfekt zusammenarbeitet, in dem jeder sich auf den anderen verlassen kann, alle selbstständig arbeiten, das nötige Fach- und Methoden-Know-how mitbringen und sowohl Termine als auch Budgetvorgaben einhalten. Wow, wäre das schön! Doch nicht immer lässt sich dieses Ideal in der Praxis erreichen.

In der Praxis ist es oft so, dass Sie ein Team führen dürfen, ohne alle Teammitglieder mit ihren individuellen Kompetenzen, Präferenzen, Einstellungen, Wertvorstellungen und persönlichen Hintergründen zu kennen. Wenn irgend möglich, sollten Sie dieses jedoch gleich zu Beginn prüfen oder relativ bald nachholen. Denn es könnte wertvolle Zeit und Energie kosten, dass Sie die falsche Person mit der falschen Aufgabe betraut haben.

Nehmen Sie daher Ihr Team in der Startphase genau unter die Lupe, um Teammitglieder in ihrer jeweiligen Persönlichkeit zu verstehen, zu akzeptieren und mit dazu passenden Aufgaben/Rollen in Ihr Team einzubinden. Eine wichtige Komponente ist dabei auch, wie sich die Teammitglieder selbst und untereinander sehen.

Es stimmt leider auch, dass sich in der Realität nicht immer für jeden Teamtyp die passende Aufgabe/Rolle findet. Hier wird es vermutlich zu Reibungen und Effektivitätsverlusten kommen. Umso wichtiger ist es, dass Sie das in einem sehr frühen Stadium erkennen und einschätzen können. Denn dann können Sie Maßnahmen ergreifen, um die Probleme und Konflikte vor einer Eskalation zu bewältigen.

Beispiel

Ein Teamcoach merkte kurz nach der Übernahme eines neuen Teams, dass eine Mitarbeiterin zwar talentiert, aber wenig effektiv war: Ständig war sie im Büroflur unterwegs, unterhielt sich mit Kollegen und war häufig in der Cafeteria. Es stellte sich heraus, dass sie aufgrund einer Schwangerschaftsvertretung sehr viele buchhalterische Aufgaben übernehmen musste, die ihrem kommunikativen Wesen und ihren Fähigkeiten nicht entsprachen.

Der Teamchoach schilderte ihr seine Eindrücke und die Mitarbeiterin war erstaunt, wie gut er sie in der kurzen Zeit einzuschätzen gelernt hatte. Obwohl er ihr im Moment keine Alternative zu der ungeliebten Tätigkeit anbieten konnte, war dieses Gespräch die Basis für eine wertschätzende Zusammenarbeit und deutlich mehr Engagement seitens der Mitarbeiterin. Mit kleineren Projekten trug der Teamcoach dafür Sorge, dass ihre Marketing- und Kommunikationstalente nicht verkümmerten.

Sie sollten die Teammitglieder rechtzeitig auf die neue Form der Arbeitsorganisation vorbereiten. Das betrifft alle Mitglieder Ihres Teams. Hilfreich ist es, ein Anforderungsprofil oder Qualifikationsprofil zu erstellen, das sichtbar macht, ob die notwendigen Kompetenzen vorhanden sind und wo noch Defizite bestehen. Hier kann die Personalabteilung den Teamcoach gut unterstützen. Denn bei der Stellenbeschreibung und Personalauswahl wurden die wichtigsten Forderungen an den zukünftigen Stelleninhaber bereits aufgenommen.

Passt der Mitarbeiter ins Team?

Wie sich ein Mitarbeiter in die Teamarbeit einbringt oder nicht, hängt in hohem Maße von seinem Persönlichkeitstyp ab. Eine „Persönlichkeitsbeschreibung“ ist eine Beschreibung von Wesensmerkmalen, Wertvorstellungen, Einstellungen, Präferenzen und Motivationsfaktoren einer Person. Viele Psychologen, Verhaltensforscher und Systemtheoretiker haben zahlreiche Testverfahren und Teamanalyse-Instrumente entwickelt, mit denen sich Persönlichkeitstypen bestimmen und beschreiben lassen.

Wie schon weiter oben ausgeführt, halten wir nicht viel von ausgefeilten und unrealistischen Anforderungskatalogen. Das gilt deckungsgleich für zahlreiche Testverfahren und Teamanalyse-Instrumente. Behalten Sie bitte eine kritische Distanz zu den Ergebnissen der Persönlichkeitstests. Es sind keine Wunderinstrumente oder Zauberstäbe, im besten Fall liefern sie Anhaltspunkte und ein wenig Orientierung. Wegen ihrer Praktikabilität werden sie dennoch geschätzt, sind manchmal hilfreich und ab und zu empfehlenswert.

Wir möchten im Folgenden kurz drei Teamdiagnose-Instrumente vorstellen, mit denen wir häufig arbeiten und die meisten Erfahrungen gesammelt haben. Dabei gilt es u. a. zu unterscheiden, ob es sich um ein neu zusammenzustellendes Team handelt oder um ein bereits bestehendes Team. Im Übrigen verweisen wir auf das Literaturverzeichnis im Anhang und auf die umfangreiche Fachliteratur zu diesem Thema. Einen guten Überblick über die am

Markt etablierten Persönlichkeitsmodelle und Teamdiagnoseverfahren liefern Martina Schimmel-Schloo et. al. (2002) und Simone Kauffeld (2001).

A) Team Management System (TMS)

Ein wichtiges Ziel des Team Management Systems ist, gegenseitiges Verstehen, Wertschätzung und Respekt am Arbeitsplatz zu fördern. Teammitglieder erfahren, wo die eigenen Präferenzen liegen – und welche arbeitsbezogenen Stärken die anderen Teamkollegen haben. Es ist sowohl für neu zusammenzustellende als auch für bereits existierende Teams anwendbar.

Nach den Forschungsergebnissen von Margerison und McCann unterscheidet das Team Management System acht Tätigkeitsbereiche, die in allen dauerhaft erfolgreichen Teams – den Hochleistungsteams – ausgefüllt werden müssen. Die Forschung zeigte aber auch, dass die meisten Menschen allenfalls zwei oder drei dieser Tätigkeitsbereiche von sich aus gerne übernehmen – und dass es umgekehrt wichtige Arbeitsbereiche gibt, die einfach nicht zu jedem passen und dann auch entsprechend ungern ausgefüllt werden. Aus dieser Erkenntnis entstand das Konzept der Arbeitspräferenzen mit ihren acht Teamrollen. Es handelt sich beim TMS-Profil um ein ausführliches persönliches Feedback zu den eigenen Arbeitspräferenzen. Das Profil beinhaltet die Auswertung von Antworten auf 60 Fragen zum individuellen Verhalten im Arbeitsbereich. Die Ergebnisse sind valide, zuverlässig und für die Probanden oft erstaunlich zutreffend und gut annehmbar. Das verwundert nicht, denn diese haben die Fragen ja auch selbst ausgefüllt.

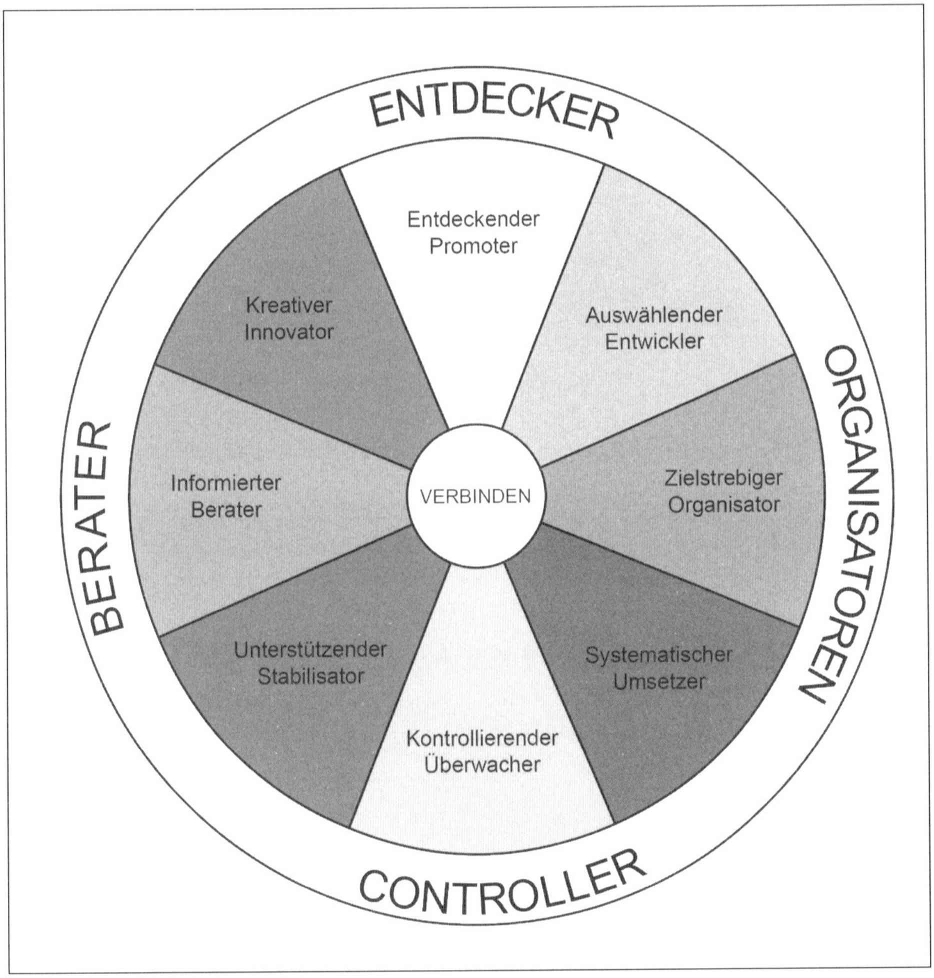

Abbildung 7: *Das Team Management Rad® (Das Team Management Rad von Margerison-McCann ist ein eingetragenes Warenzeichen)*

Um die acht Teamrollen besser verstehen zu können, finden Sie im Folgenden die wichtigsten Verhaltensweisen und Hauptmerkmale der einzelnen Teamrollen.

Tabelle 1: Die acht Teamrollen

1. Informierter Berater Sammelt gerne Informationen und gibt sie an andere weiter.	▪ Unterstützer, Helfer, tolerant ▪ Sammelt Informationen ▪ Mag nicht gehetzt werden ▪ Weiß viel ▪ Flexibel ▪ Im Allgemeinen nicht aggressiv ▪ Achtet nicht sehr auf die Zeit ▪ Findet gern Sachen heraus ▪ Kann Streitfragen persönlich nehmen ▪ Tendiert dazu, Entscheidungen aufzuschieben
2. Kreativer Innovator Tüftelt gerne neue Ideen und Arbeitsansätze aus.	▪ Fantasievoll ▪ Zukunftsorientiert ▪ Mag komplexe Fragestellungen und Themen ▪ Kreativ ▪ Mag Forschungsaufgaben ▪ Oft unregelmäßige Arbeitsweise ▪ Vergisst manchmal gesetzte Fristen ▪ Sucht permanent nach neuen Wegen ▪ Unabhängig
3. Entdeckender Promoter Entdeckt gerne neue Möglichkeiten und hält Ausschau nach neuen Chancen.	▪ Überzeuger, „Verkäufer“ ▪ Mag vielseitige, aufregende und stimulierende Arbeit ▪ Leicht gelangweilt ▪ Einflussreich, geht auf andere zu ▪ Zeigt viel Energie – guter Kommunikator ▪ Kennt viele Menschen ▪ Kann gut Ressourcen ausfindig machen ▪ Visionär
4. Auswählender Entwickler Arbeitet gerne daran, Alternativen zu analysieren und Ideen zu entwickeln, die die praktischen Gegebenheiten der Organisation berücksichtigen.	▪ Analytisch und objektiv ▪ Entwickelt Ideen ▪ Arbeitet gern mit Prototypen ▪ Experimentiert gern ▪ Mag Projektarbeit ▪ Handlungsorientiert ▪ Mag keine Routine ▪ Ist gern unter anderen Menschen, aber bewahrt seine Unabhängigkeit ▪ Mag Planungsprozesse
5. Zielstrebiger Organisator Drängt gerne voran, damit Resultate erzielt werden.	▪ Plant und organisiert die Ingangsetzung ▪ Entscheidungsfreudig ▪ Aufgabenorientiert ▪ Erstellt Systeme ▪ Analytisch ▪ Mag strukturierte Arbeit ▪ Erstellt Fristen für die Aktion ▪ Kann Druck ausüben ▪ Kann ungeduldig sein ▪ Übersieht manchmal die Gefühle anderer

6. Systematischer Umsetzer Arbeitet gerne auf systematische Art und Weise, um Arbeiten zu erledigen und Leistungen zu erbringen.	■ Praktisch orientiert ■ Produktionsorientiert ■ Mag Raster und Ablaufpläne ■ Ist stolz darauf, Waren und Dienstleistungen zu erstellen ■ Schätzt Effektivität und Effizienz ■ Zeit- und fristenbewusst ■ Bringt etwas zu Ende ■ Mag keine Änderungen ■ Zieht Routine vor ■ Lässt Geplantes Wirklichkeit werden ■ Betont Ergebnisse und Resultate
7. Kontrollierender Überwacher Hat Freude daran, sich auf die detailorientierten und qualitätssichernden Aspekte der Arbeit zu konzentrieren.	■ Arbeitet gern in der Qualitätskontrolle ■ Detailorientiert ■ Braucht wenig Kontakt mit anderen ■ Inspiziert Verträge und Abläufe ■ Achtet darauf, dass keine Fehler passieren ■ Sorgt dafür, dass Regeln eingehalten werden ■ Arbeitet sehr genau und präzise ■ Ruhig und besonnen ■ Konzentriert sich intensiv auf wenige Themen zur gleichen Zeit
8. Unterstützender Stabilisator Achtet gerne darauf, dass Standards und Werte aufrechterhalten bleiben, damit das Team hervorragend arbeiten kann.	■ Wertkonservativ, loyal, unterstützend ■ Persönliche Einstellungen und Werte sind wichtig ■ Starkes Empfinden für Recht und Unrecht ■ Arbeitsmotivation entsteht durch Sinngebung ■ Kann helfen, das Team zusammenzuschweißen ■ Zieht beratende Rolle vor ■ Kann gut verhandeln ■ Bringt in der Regel seine Gefühle mit ein ■ Ruhige Art, die Dinge anzugehen ■ Setzt sich für seine Überzeugung ein

Beispiel

Bei einem Beratungsunternehmen für SAP-Anwendungen wurde eine Gruppe von High Potentials zusammengestellt, die durch einen Weiterbildungszyklus besonders gefördert werden sollte. Vor dem zweiten Baustein „Teambildung – Teamführung“ erhielten sie die TMS-Fragen, die sie online ausfüllen konnten, und im Seminar die Auswertung. Jeder hatte Zeit, sich intensiv mit seinem Profil zu beschäftigen und mit einem Kollegen als Lernpartner und Feedbackgeber zu hinterfragen. Dann wurde der Kreis der acht Teamrollen aufgehängt und die Teilnehmer konnten ihre Haupt- und Nebenrollen mit Punkten versehen. Das Erstaunen und Gelächter waren groß, als sie feststellten, dass sie mehrheitlich im Bereich „entdeckender Promoter“, „auswählender Entwickler“ und „zielstrebiger Organisator“ ihre Präferenzen hatten. Zu Recht waren sie für zukünftige Führungspositionen vorgesehen, die von ihnen Organisationstalent, Zielorientierung, die Fähigkeit für das Aufspüren und Verkaufen innovativer Produkte und Ideen sowie analytischen Sachverstand verlangten. Doch sie erkannten auch, dass sie ein sehr einseitiges Team bildeten, das die anderen wichtigen Teamfunktionen (noch) zu wenig ausfüllte.

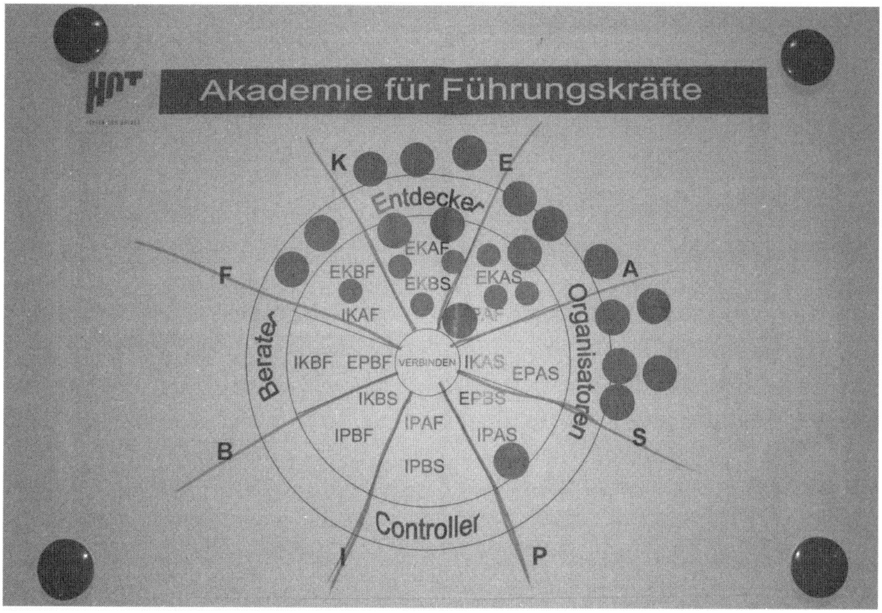

Quelle: HOT-Akademie-Teambildungsseminar
Abbildung 8: *HOT-Teamprofil nach TMS*

✐ Übung

Nachdem Sie die Ausführungen zu den acht Teamrollen gelesen haben, wo würden Sie sich spontan zuordnen? Welche Hauptrolle sehen Sie für sich, welche ein bis zwei Nebenrollen? Wenn Sie bereits ein Team führen, versuchen Sie eine Zuordnung der Hauptrolle bei Ihren Teammitgliedern:

Name	Vermutete Hauptrolle

Die meisten Menschen sind in der Lage, mehrere der acht Teamrollen zu übernehmen. Das Team Management Profil beruht auf der jeweils individuellen Kombination von Arbeitspräferenzen und berücksichtigt auch ihre verschieden starken Ausprägungen.

Jeder von uns kann in jedem Bereich tätig sein und dort Kompetenzen entwickeln. Nicht jeder hat aber in allen Bereichen Präferenzen. Aus der TMS-Forschung ist bekannt, dass die meisten Menschen in drei bis vier Bereichen gern tätig sind, in ein bis zwei Bereichen ungern. Präferenz bedeutet etwas anderes als Kompetenz.

Kompetenz heißt Können: Fähigkeiten, Fertigkeiten, Skills, Wissen.
Präferenz heißt Mögen: Neigung, Vorliebe, Sich-motiviert-Fühlen.

Kennen Sie die folgenden Verhaltensweisen aus Ihrem Arbeitsumfeld?

- Die einen sprechen gern viel in Sitzungen, die anderen halten sich eher zurück und sagen dann einen Satz, der den Nagel auf den Kopf trifft.
- Einige kontrollieren gern die Genauigkeit und Qualität der Arbeit, andere begeistern sich für eine neue Idee und können andere dafür schnell gewinnen.
- Wieder andere organisieren mit Begeisterung die anstehende Aufgabe, und andere holen wichtige Informationen ein, die das Team für seine Arbeit braucht.

Ein wichtiges Ergebnis der Teamerfolgsforschung ist: Alles wird im Team gebraucht, Vielfalt ist wichtig für den Erfolg. Das Ergebnis: Diversity (Unterschiedlichkeit) wird wertgeschätzt (Wagner, 2002, S. 243 ff.).

Daraus folgt für den Teamcoach:

- Wenn jeder im Team seine eigenen Arbeitspräferenzen und die der anderen genauer kennt und wertschätzt,
- wenn jeder bei der Arbeit im Team viel von dem tun kann, was er gern tut,
- wenn daraus Absprachen entstehen, wie die Arbeit nach Kompetenz und Präferenz gut aufgeteilt wird,
- und das Team gut zusammenarbeitet,

dann entstehen höhere Arbeitszufriedenheit und Arbeitsleistung für den Einzelnen und höhere Teamleistung insgesamt. Wie gesagt: Wenn ...

* Tipps für den Einsatz von Profilen:

1. Wenn Sie ein Persönlichkeitsprofil einsetzen möchten, stellen Sie sicher, dass Sie dies auch dürfen. In Großunternehmen benötigen Sie dazu meist die Zustimmung des Betriebsrats und die Abstimmung mit der Personalabteilung.
2. Viele Mitarbeiter befürchten Konsequenzen negativer Art, wenn ihr Chef ihr Profil kennt. Der Teamcoach ist daher gefordert, zunächst eine vertrauensvolle Atmosphäre zu schaffen, die Profile der Mitarbeiter nicht zu lesen, sondern nur dem einzelnen Mitarbeiter persönlich mit Kennwort den Zugang zu seinem Profil zu ermöglichen.
3. Eine Offenlegung des eigenen Profils muss immer auf freiwilliger Basis erfolgen und vom Teamcoach unbedingt wertschätzend unterstützt und reflektierend begleitet werden.
4. Viele Mitarbeiter sehen in einem Persönlichkeitsprofil immer noch einen „Test", bei dem man gut oder schlecht abschneiden kann. Sie fürchten ein schlechtes Ergebnis und neigen zu Vergleichen. Wenn sie sich zu den „Guten" zählen, geraten sie in die Gefahr, andere abzuwerten. Daher ist es ganz wichtig, nie von „Test", sondern von „Profilen" zu sprechen und immer wieder darauf hinzuweisen, dass jedes Profil – so unterschiedlich sie auch ausfallen mögen – gleichwertig ist.
5. Eine Typenlehre kann helfen, Menschen besser zu verstehen, verführt jedoch zum „Etikettieren". Achten Sie darauf, dass Sie Ihren Mitarbeitern kein „Label" aufdrücken. Wenn jemand z. B. als Hauptteamrolle „Kontrollierender Überwacher" ist, könnte er insgeheim in die Schublade „Erbsenzähler" gesteckt werden.

B) teamCheck: prozessorientiertes Teamanalyse-Instrument

Teamentwicklung ist ein Prozess und kein einmaliger Vorgang. In diesem Kontext hilft das Teamanalyse-Instrument teamCheck, ein möglichst exaktes Abbild der im Team ablaufenden Prozesse zu liefern. Da sich Teams dynamisch entwickeln, muss ein Teamanalyse-Instrument in der Lage sein, diese Veränderungen „einzufangen". Im Vergleich zu dem oben genannten TMS, bei dem längerfristige Überzeugungen und Einstellungen erfasst werden, liegt der Schwerpunkt beim teamCheck mehr bei den Veränderungen auf der Verhaltensebene. Entsprechend ist die sogenannte Änderungssensitivität ein wesentliches Qualitätsmerkmal einer Teamanalyse mittels teamCheck.

Idealerweise erfolgt eine wiederholte Schleife aus Analyse und Entwicklung. Auf diese Weise lernt das Team, sich kontinuierlich zu verbessern, und erhält systematisches Feedback über die Entwicklungen. Dabei ist eine Unterstützung durch den Teamcoach notwendig, um mit der Zeit einen konsequenten Selbstlernprozess im Team zu etablieren. Der teamCheck basiert auf dem wissenschaftlich entwickelten Teamqualitäts-Fragebogen (TQF). Der TQF erfasst 15 verschiedene Teamprozesse, die entweder unmittelbar als Feedback zurückgemeldet oder zu den fünf Komponenten der Teamqualität zusammengefasst werden, siehe untenstehende Tabelle.

Tabelle 2: Teamqualität und Teamprozesse

Komponente	Teamprozesse
Qualität der Führung	Qualität der Führung
Organisation der Zusammenarbeit	Handlungsspielraum
	Klare Verantwortlichkeiten
	Informationsverfügbarkeit im Team
Handlungsfähigkeit des Teams	Qualität der Kommunikation
	Qualität der Kooperation
	Umgang mit Konflikten
	Erfahrungsaustausch
Leistungsfähigkeit des Teams	Kontinuierlicher Verbesserungsprozess
	Innovationspotenzial
	Ergebnisorientierung
Klima im Team	Zufriedenheit mit der Teamarbeit
	Soziale Unterstützung
	Stimmung im Team
	Identifikation mit dem Team

Quelle: Brandt, 2010, S. 17

Auf Basis des TQF wird der teamCheck als praxisoptimiertes Teamanalyse-Instrument eingesetzt. Beim teamCheck erfolgt gemeinsam mit dem Auftraggeber eine Auswahl von sieben bis zehn Teamprozessen, um das Tool optimal an die spezifischen Anforderungen des jeweiligen Teams anzupassen. Die jeweilige Funktion im Team (Teamleiter vs. Mitarbeiter; ggf. spezifische Funktionen wie z. B. Innendienst und Außendienst) wird bei der Bearbeitung durch die einzelnen Teammitglieder erfasst. Dadurch ist eine vergleichende Auswertung der Einschätzungen unterschiedlicher Funktionen im Team möglich.

Merkmale des teamChecks:

- Zuverlässiges Fragebogenverfahren zur Analyse der aktuellen Stärken, Schwächen und Entwicklungsfortschritte eines Teams.
- Bei Bedarf Ergänzung der Themenauswahl über die Basisprozesse des TQF hinaus, z. B. bei einer Integration neuer Mitarbeiter.

- Auswahl der für das jeweilige Team relevanten Teamprozesse.
- Differenzierung unterschiedlicher Funktionen im Team.
- Bequeme und unkomplizierte Online-Bearbeitung über das Internet.
- Beteiligung jedes Teammitglieds.
- Individuelles Online-Feedback am Ende der Bearbeitung.
- Online-Teamfeedback unmittelbar nach Abschluss der Befragung.
- Differenzierte Ergebnisrückmeldung via PowerPoint-Präsentation.
- Vergleich der Teamergebnisse mit einem repräsentativen Benchmark.
- Identifizierung der wesentlichen Hebel für die erfolgreiche Weiterentwicklung des Teams.

Die Messung und Rückmeldung der Teamqualität erfüllen im Rahmen der Teamentwicklung zwei wesentliche Rollen: Die Teamanalyse ermöglicht eine konkrete Bestimmung des Teamentwicklungsbedarfs. Der Erfolg einer Maßnahme wird anschließend mit Folgebefragungen evaluiert. Dem Feedback an das Team fällt dabei eine bedeutende Rolle zu.

Beispiel

Online-Feedback zur Bestimmung der Entwicklungsprioritäten. Die Ergebnisse des Teams werden zu einem globalen Benchmark mithilfe einer Rot-Gelb-Grün-Hintergrundskalierung in Beziehung gesetzt.

Beim unmittelbaren Online-Feedback (vgl. **Abbildung 9**) wird sichtbar, bei welchen Teamprozessen ein konkreter Handlungsbedarf besteht.

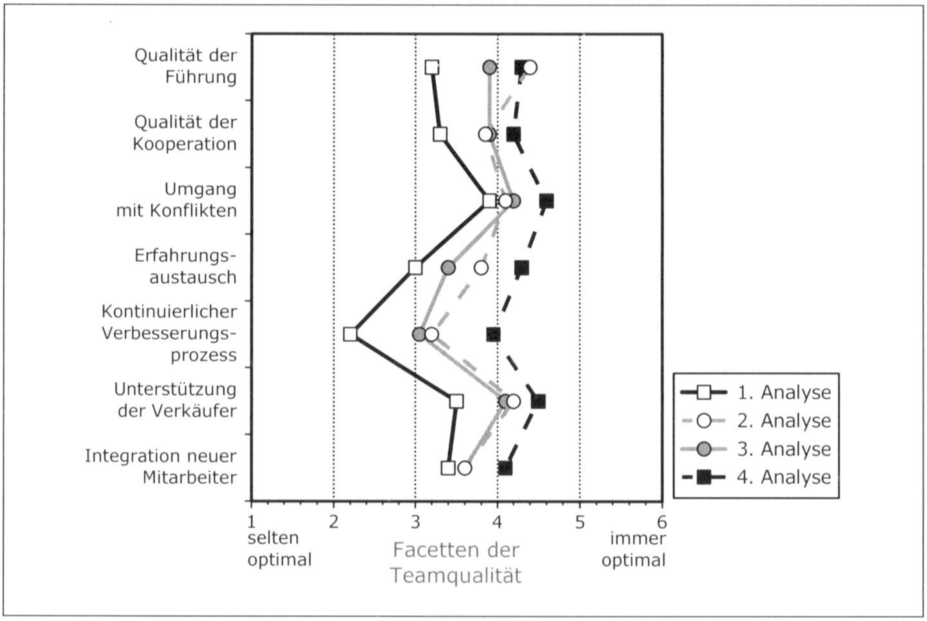

Abbildung 9: *Facetten der Teamqualität*

Wichtig für die Auswahl der im Coaching zu bearbeitenden Teamprozesse ist ein Bewusstsein dafür, dass die Prozesse bzw. die dahinterliegenden Komponenten der Teamqualität in einem festen Beziehungssystem zueinander stehen.

Die Defizite eines Teams müssen in der richtigen Reihenfolge bearbeitet werden. Zunächst müssen die *Qualität der Führung und die Organisation der Zusammenarbeit* gewährleistet sein, um sich den verschiedenen Aspekten der *Handlungsfähigkeit des Teams* zu widmen. Die Handlungsfähigkeit ist die notwendige Voraussetzung für eine Optimierung der Leistungsfähigkeit und des Teamklimas. Es macht wenig Sinn, z. B. sogenannte Teamspirit-Maßnahmen durchzuführen, solange die zentralen Aspekte der Zusammenarbeit Defizite aufweisen.

Eine integrierte Evaluation innerhalb von teamCheck ist eine wichtige Voraussetzung für einen erfolgreichen Teamentwicklungsprozess. Nach Teamentwicklungsmaßnahmen ist zunächst eine Verbesserung der Teamprozesse zu beobachten. Jedoch fallen viele Teams nach relativ kurzer Zeit wieder in ihre alten Verhaltensmuster zurück, genannt „Back-Home-Effekt“. Sie haben es nicht geschafft, eine kontinuierliche Entwicklung zu etablieren. Das regelmäßige teamCheck-Feedback hingegen hilft dem Team, diesem Effekt entgegenzuwirken und eine kontinuierliche Weiterentwicklung zu gewährleisten (vgl. auch Evaluation, Kapitel 6.3).

Diskrepanz: Teamleiter versus Mitarbeiter

Teams weisen neben unterschiedlichen Niveaus der Teamqualität häufig auch Niveauunterschiede zwischen den Einschätzungen der Teamleiter und der Teammitglieder auf. Aufgrund umfangreicher mit dem teamCheck ermittelter Daten kann gezeigt werden, dass es einen Zusammenhang zwischen dem Niveau der Teamqualität und der Diskrepanz zwischen den Einschätzungen von Teamleitern und Teammitgliedern gibt.

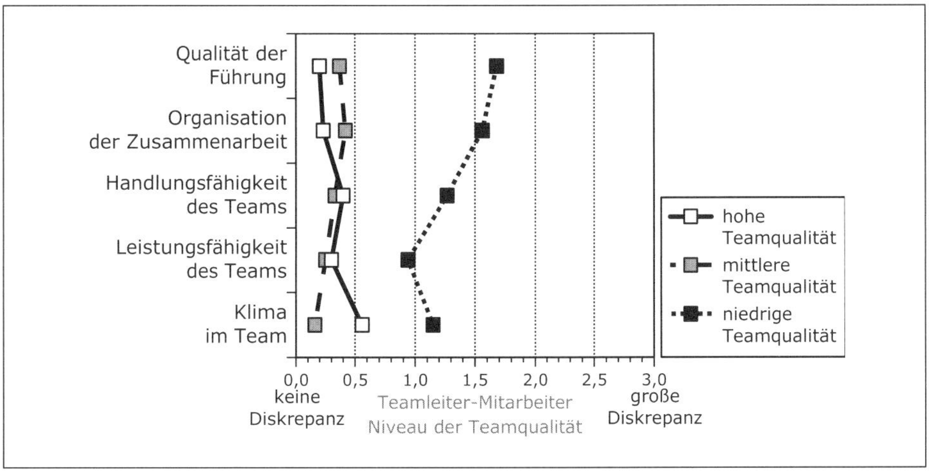

Abbildung 10: Einschätzungen von Teamleitern und Mitarbeitern

Eine deutliche Diskrepanz zwischen Teamleitern und Mitarbeitern zeigt sich bei Teams mit einer geringen Teamqualität. Bei Teams mit hoher und mit mittlerer Teamqualität zeigen sind hingegen nur geringe Diskrepanzen zwischen den Einschätzungen von Mitarbeitern und Teamleiter.

Bedeutung des teamChecks für das Teamcoaching

Wie bei anderen Teamentwicklungsmaßnahmen auch, wird beim Teamcoaching mithilfe des teamChecks vor der eigentlichen Maßnahme eine Bedarfsanalyse durchgeführt. Anhand der teamCheck-Ergebnisse wird der Einstieg in das Coaching erleichtert, die wesentlichen Entwicklungsschwerpunkte werden bereits vor der eigentlichen Maßnahme identifiziert.

Durch die Wiederholung des teamChecks nach dem Coaching werden die Fortschritte des Teams sichtbar gemacht und weitere Entwicklungsschritte können identifiziert werden. Der Teamleiter bekommt durch die regelmäßigen Feedbacks zunehmend mehr Handlungssicherheit in der Optimierung seines Teams (Brandt, ebenda).

C) Systemische Teamaufstellung

Die systemische Teamaufstellung ist eine Weiterentwicklung bzw. Adaption der durch Bert Hellinger bekannt gewordenen Familienaufstellung. Die Ergebnisse der Arbeit von Bert Hellinger werden erst seit wenigen Jahrzehnten auf dem Feld eines Unternehmens, auf Teams bzw. Abteilungen angewandt und sind bisher noch nicht weit verbreitet. Die systemische Teamaufstellung ist wesentlich aussagekräftiger bei bereits existierenden Teams, da diese schon eine gemeinsame „Geschichte“ aufweisen können.

Ein Team lässt sich als Makrosystem betrachten, das aus einzelnen Teammitgliedern besteht, die in Beziehung zueinander stehen. Hinter diesen stehen aber auch jeweils die eigenen Familiensysteme (Mikrosysteme), gekennzeichnet durch ihre eigene Dynamik und mögliche Blockaden, die in die Arbeit des Teams hineinwirken können. Der Erfolg eines Unternehmens, einer Abteilung oder eines Teams ist daher auch von der „Aufstellung“ einzelner Mitarbeiter, von „geklärten“ Beziehungen und einem professionellen Beziehungsmanagement abhängig.

Durch systemische Teamaufstellungen werden komplexe Zusammenhänge, Arbeitsbeziehungen, Informationen und Handlungsmuster in Teams sichtbar gemacht. Die *systemisch-phänomenologische Aufstellungsarbeit* ist eine Methode, die Dynamik eines Systems zu erkennen und das implizite Wissen eines Teams zu erschließen.

Dazu werden die Teammitglieder oder Personen als deren Stellvertreter im Raum aufgestellt. Die Teammitglieder oder deren Stellvertreter nehmen die Gefühle und Empfindungen der Systemmitglieder oder Systemteile wahr. In dem sogenannten morphischen Feld, das hier wirkt, zeigen sich die Muster und Beziehungen innerhalb eines Teams oder einer Organisation. Die Reaktionen der Teammitglieder oder Stellvertreter können Hinweise geben auf Unstimmigkeiten oder Imbalancen im Makrosystem Team. Daraus werden die einzelnen Lösungsschritte gemeinsam entwickelt. Blockierte Kommunikationskanäle können geöffnet, verschüttete Ressourcen freigelegt und neue Sichtweisen für festgefahrene Situationen eröffnet werden. Für konkrete Fragen, wie z. B. strategische Fragen, Entscheidungshilfen, Konflikte, Positionierung im Team, Beziehungsklärung etc., können Lösungsimpulse gegeben werden.

Teamaufstellungen bieten Teamcoachs die Möglichkeit zu erfahren, in welche Dynamik sie eingebunden sind und welche Konsequenzen ihre Entscheidungen haben. Sie können die Aufstellungsmethode als Diagnoseinstrument nutzen und auch ihre eigene Rolle und den Einfluss auf das Team klären. Es ist für Team- oder Organisationsaufstellungen wichtig, die Ordnungen und Prinzipien des Systems Familie mit zu betrachten, da diese sich auch auf das Berufsfeld auswirken können. Der Einsatz der Aufstellungsmethode im Teamcoaching kann hilfreich für die eigene Führungstätigkeit sein.

Der Aufstellungsverlauf ist wie folgt:

1. Gespräch mit Klärung des Anliegens
2. Erstellung eines Genogramms/Organigramms
3. Auswahl der Aufstellungsform

4. Durchführung der Aufstellung
5. Besprechung der Aufstellung
6. Nacharbeit

Eine behutsame Vorgehensweise mit Achtsamkeit und absoluter Präsenz ist bei der systemischen Teamaufstellung sehr wichtig. Bei der Arbeit mit den Bewegungen und Energien, die sich im gegenwärtigen Moment zeigen, sind tiefgehende Erfahrungen möglich, die neue Perspektiven und Handlungsmöglichkeiten eröffnen können.

Für diese Form der Teamaufstellung ist eine systemische Ausbildung mit Organisations- und Teamaufstellung unerlässlich oder Sie lassen sich dabei von einem speziell dafür ausgebildeten Berater begleiten. Dies hat den Vorteil, dass Sie selbst am Prozess teilnehmen können.

Da die Methode wissenschaftlich noch immer umstritten ist, werden auch deren Ergebnisse oft kritisch gesehen. Kritiker halten diese Art der Teamanalyse für unseriös und aus betriebswirtschaftlicher Sicht nur als minimalistischen Lösungsansatz.

Wir lassen uns bei unserer Beratung davon leiten, dass vieles, was dem Teamerfolg zuträglich ist, auch versucht werden sollte. Nur weil man sich bestimmte Phänomene nicht erklären kann, muss das noch nicht bedeuten, dass sie falsch sind. Kopernikus und Galilei haben ja auch weiter geforscht, selbst gegen große Widerstände, und recht behalten.

Fazit: In Abhängigkeit der Ergebnisse und Erkenntnisse aus den verschiedenen Tests, Fragebögen, Teamdiagnoseverfahren, Teamaufstellungen und Persönlichkeitsmodellen sollten Sie – mit professioneller Distanz zu den Ergebnissen – die Aufgaben, Funktionen und Rollen den dafür bestgeeigneten Teammitgliedern übertragen und diese entsprechend Ihrer neuen Erkenntnisse führen, fordern und fördern.

2.4 Teamentwicklung – Teamdynamik: Der lange Marsch durch die Teamuhr

Wir können Teams auf drei Arten formal organisieren:

1. **Produkt-Teams:** Sie werden um Produkte oder Dienstleistungen herum organisiert, so z. B. iPhone-Team oder 24 Stunden-Serviceteam.
2. **Kurzzeit-Teams:** Der Terminus „Kurzzeit" sollte hier eher flexibel aufgefasst werden. Mehrere Mitarbeiter – meistens aus unterschiedlichen Abteilungen – arbeiten für einen befristeten Zeitraum zusammen, um eine spezifische, neuartige oder einmalige Aufgabe zu bewältigen, z. B. Mondfahrt-Team oder Mars-Projektteam. Das Kurzzeit-Team, oder meist Projektteam genannt, wird von einem Projektleiter geführt und nach Projektende wieder aufgelöst. Wichtig bei allen Arten von Projektteams ist: Sie haben einen definierten Anfangs- und Endtermin.

Langzeit-Teams: Mehrere Mitarbeiter sind in einer Gruppe als Team dauerhaft zusammengefasst. Sie haben ein gemeinsames Ziel, gemeinsame Aufgaben und tragen die Verantwortung für die Zielerreichung. Langzeit-Teams haben oft einen großen Handlungs- und Entscheidungsspielraum und werden meist von einem Teamleiter/Teamcoach geführt.

Unabhängig von der formalen Organisationsform eines Teams unterliegen Teams einem Wachstums- und Veränderungsprozess, den man beobachten und beschreiben kann, wenn auch die Entwicklungsphasen einer Gruppe nicht so schön „rund" ablaufen, wie es das in **Abbildung 11** gezeigte Bild der Teamentwicklungsuhr zunächst glauben lässt. Die Übergänge sind fließend und es sind auch Rückschläge möglich, denn dafür ist die Variationsbreite menschlichen Verhaltens zu groß. Trotzdem kann man eine deutliche Gesetzmäßigkeit erkennen, wenn eine „lose zusammengewürfelte Gruppe" den Hürdenlauf Teamarbeit auf sich nimmt, um als Team im Ziel anzukommen.

Um sich zu einem Team zu formen, durchlaufen die Teammitglieder vier Entwicklungsphasen. Diese vier Phasen hat Bruce W. Tuckman sehr anschaulich in Form eines Kreises beschrieben; später wurde dann daraus die Teamentwicklungsuhr (vgl. **Abbildung 11**). Sie zeigt die vier Phasen der Teamentwicklung und ihre jeweiligen Merkmale auf:

1. Forming – 2. Storming – 3. Norming – 4. Performing

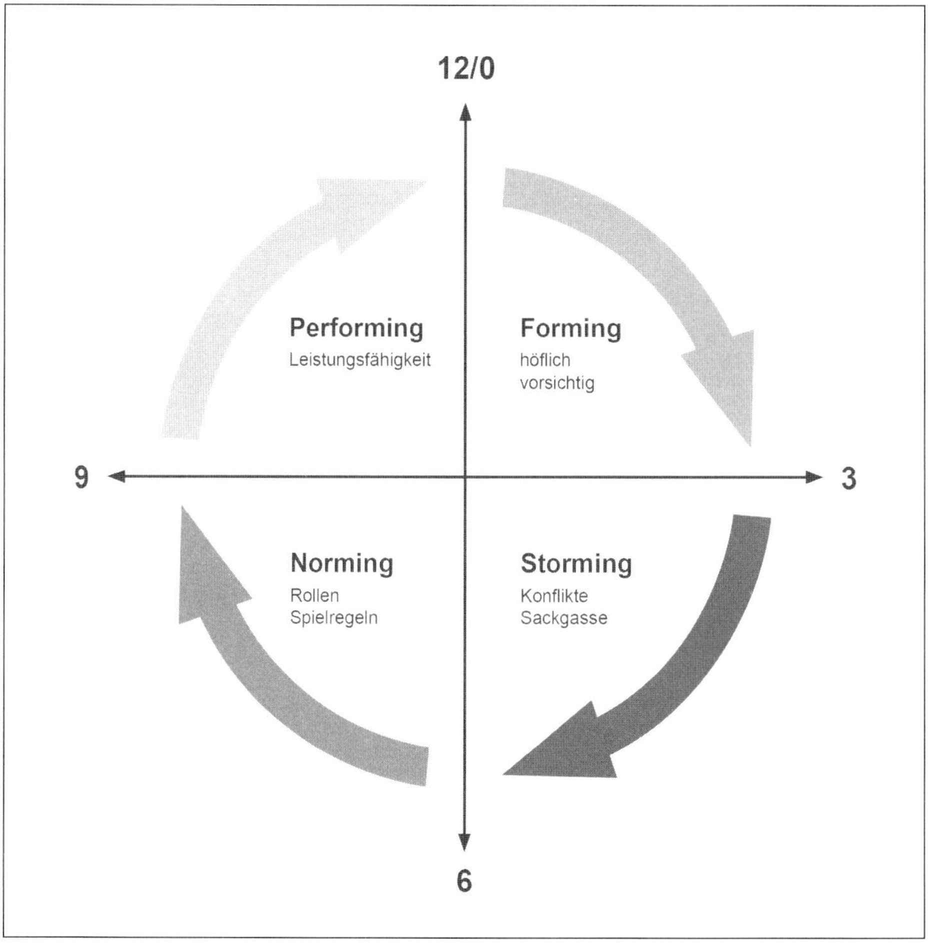

Abbildung 11: *Die vier Phasen der Teamentwicklung*

Anhand dieser Teamphasen kann man Veränderungen oder Fortschritte im Team sehr anschaulich darstellen. Sie geschehen immer auf zwei Ebenen: der Sachebene und der Beziehungsebene (vgl. auch **Abbildung 12**):

Tabelle 3: Teamphasen nach Tuckman

Phase 1: Orientierungs- und Testphase – Forming
Sachebene: ▪ Informationen sammeln ▪ Ziele vereinbaren ▪ Aufgaben definieren/zuordnen ▪ Methoden entwickeln/festlegen
Beziehungsebene: ▪ Suche nach Akzeptanz ▪ Suche nach der angemessenen Rolle im Team ▪ Abhängig von mitgebrachten Normen/Standards ▪ Höflich, unpersönlich ▪ Vorsichtiges Abtasten
Phase 2: Konkretisierungs- und Konfliktphase – Storming
Sachebene: ▪ Ausgestaltung von Aufgaben ▪ Konkretisierung der Aufgaben ▪ Zuständigkeitsabgrenzung ▪ Widerstände gegen Aufgaben und Methoden abbauen
Beziehungsebene: ▪ Unterschwellige Konflikte ▪ Cliquenbildung ▪ Kampf um Territorien – Freiräume – Status ▪ Konfrontation ▪ Ausweglosigkeit ▪ Profilierungsversuche
Phase 3: Organisierungsphase – Norming
Sachebene: ▪ Spielregeln für den Umgang miteinander ▪ Standards festlegen ▪ Offene Klärung der Standpunkte ▪ Kooperative Suche nach Alternativen ▪ Langsame, messbare Fortschritte
Beziehungsebene: ▪ Entspannung ▪ Harmonietendenz ▪ Feedback ▪ Konfliktvermeidung ▪ Idealisierung der Gruppe ▪ Wir-Gefühl ▪ Elitedarstellung nach außen

Phase 4: Integrations- und Arbeitsphase – Performing
Sachebene: ▪ Flexible Arbeitsweise ▪ Selbstorganisation ▪ Ideenreichtum ▪ Effizienz ▪ Gegenseitige Unterstützung ▪ Leistungsfähig ▪ Teamwork
Beziehungsebene: ▪ Übernahme von Verantwortung füreinander ▪ Reflexion der Zusammenarbeit ▪ Geklärte Rollen ▪ Verhaltenstandards ▪ Flexibel, offen ▪ Hilfsbereit ▪ Solidarisch

Bitte achten Sie als Teamcoach sehr sorgfältig auf die Beziehungsebene, denn diese ist die wichtigere der beiden Ebenen. Das folgende Schaubild in **Abbildung 12** stellt es in Form eines Eisbergs zwar vereinfachend, dafür aber umso klarer dar.

Das sogenannte *Eisbergmodell* zeigt, dass nur die Spitze des Eisbergs, ein Siebtel der Gesamtmenge, die Sachebene darstellt, während der wirklich relevante Teil, die Beziehungsebene, sich mit sechs Siebteln der Gesamtmenge unter Wasser befindet. Noch deutlicher macht es die Antwort auf die Frage: Was bewegt den Eisberg, der Wind oder die Strömung?

Diese Erkenntnis bedeutet für den Teamcoach, dass es vergebliche Liebesmüh´ ist, sich mit dem Teammitglied/Coachee auf der rationalen Ebene verständigen zu wollen, wenn es nicht gelingt, eine emotionale Brücke zum Coachee zu bauen. So lange wird der Coachee der Überzeugung sein: Ich bin O. K. – Du (Teamcoach) bist nicht O. K.

Da wir Menschen keine Automaten sind – deren Gefühle man ein- und ausschaltet –, können wir auch nicht auf unpersönliche Art überzeugt werden. Der Überzeugungsvorgang ist immer mit Emotionen verbunden. Demzufolge muss zuerst eine positive Beziehung aufgebaut werden, die den Überzeugungsvorgang einleitet. Wichtig ist es für den Teamcoach, sich vor einem Gespräch mit dem Teammitglied vorzubereiten und sich auf ihn einzustellen.

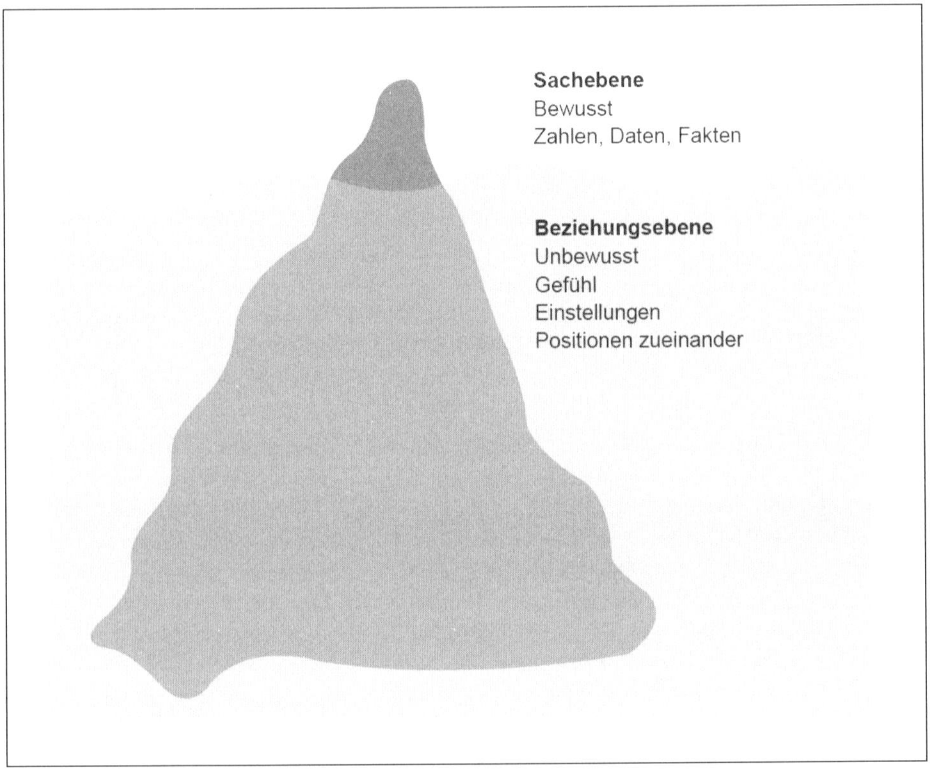

Abbildung 12: *Eisbergmodell*

Während des Gesprächs hilft aktives Zuhören. Wenn Sie aktiv zuhören, Fragen stellen und auf Ihre Gefühle und die des Coachees achten, dann:

- bauen Sie eine emotionale Brücke auf,
- führen Sie effektivere Coachinggespräche,
- fallen Ihre sogenannten „Nehmen-wir-mal-an"- oder „Was-wäre-wenn"-Prognosen realistischer aus,
- werden Ihre Vorschläge für den Coachee annehmbar,
- kommen Sie schneller zu einer einvernehmlichen Lösung,
- ändert sich die Überzeugung des Coachees Ihnen gegenüber zu: Du (Teamcoach) bist O. K. – Ich bin O. K.

Passen Sie Ihr Verhalten durch ein gutes Einfühlungsvermögen der Befindlichkeit des Teammitglieds an. Man spricht in diesem Zusammenhang auch von *Empathie.* Empathie bezeichnet die Fähigkeit des Einfühlens in andere, das Einfühlungsvermögen, also auf die vom Coachee geschilderte Situation einzugehen und entsprechend zu reagieren. Das bedeutet selbstverständlich nicht, dass Sie auch lauter werden müssen, wenn dieser laut wird (Haas/von Troschke, 2007, S. 33-34).

> ***„Wir alle kommen unwissend zur Welt, aber es bedarf harter Arbeit, um dumm zu bleiben."***
>
> **Benjamin Franklin**

Phase 1: Orientierungs- und Testphase – Forming

Menschen reagieren sehr unterschiedlich auf die Begegnung mit neuen Kollegen. Manche sind ängstlich, bekommen feuchte Hände und trockene Lippen. Andere sind lebhaft und freuen sich auf die Chance eines edlen Wettstreits oder auf neue Anregungen. Wieder andere ziehen sich zurück, sind grantig, wollen Aufmerksamkeit erregen oder murren. Die Zahl der möglichen Konstellationen ist unendlich. Auf dieser Basis beginnt sich ein Team zu formen. Anfangs versuchen die Mitglieder, ihre Position innerhalb der Gruppe zu finden. Sie fahren ihre psychologischen Antennen voll aus und richten sie auf die subtilen nonverbalen Signale, die sie untereinander aussenden. Jeder will für sich die Frage beantworten: „In welcher Beziehung stehe ich zu dieser Gruppe?" Jedes Mitglied hat seine eigene Methode, um mit den anderen in Kontakt zu kommen. Manche sind anfangs sehr zurückhaltend und spielen den Beobachter, bis sie einen günstigen Moment entdecken, während andere sofort loslegen und ein Feuerwerk von Liebenswürdigkeiten abbrennen.

Wenn ein Team sich zu etablieren beginnt, werden der Kontakt und der Meinungsaustausch immer intensiver. Die Mitglieder wollen vieles übereinander erfahren: Einstellungen, Werthaltungen, Arbeitsstil und die Kontaktbereitschaft des anderen. Diese Testphase dauert so lange, bis jedes Mitglied sich darüber im Klaren ist, wie es seine Rolle im Team sieht.

In diesem Stadium handelt das Team scheinbar effektiv, weil es sich vorwärts bewegt und so etwas wie „freundliche Kollegialität" entwickelt. Doch ist dieses Verhältnis leider nur oberflächlich, denn die Mitglieder folgen damit nur Einstellungen und Verhaltensweisen, die sie schon vor Beginn der konkreten Teamarbeit gelernt haben. Ein Team sollte jedoch seine Mitglieder so weit gebracht haben, dass sie einen tieferen Zugang zueinander finden. Infolgedessen dürfte die anfängliche Zurückhaltung der Mitglieder verschwinden und realistischere Verhaltensmuster in den Vordergrund treten.

* Forming-Tipps für den Teamcoach:

Da Sie nun wissen, wie wichtig Orientierung und gegenseitiges Kennenlernen in der ersten Phase sind, können Sie diese bewusst fördern:

- Sorgen Sie bei der Aufgabenverteilung auch für gemeinsame Tätigkeiten, bei denen sich die Teammitglieder besser kennen lernen können.
- Etablieren Sie, wenn Sie ein neues Team zusammenstellen, in kurzen Abständen Meetings, bei denen jeder kurz über seine Arbeit berichten sollte.
- Unternehmen Sie zusammen etwas nach dem Arbeitstag.

Phase 2: Konkretisierungs- und Konfliktphase – Storming

Zum Wachstumsprozess eines Teams gehört zwangsläufig, dass die Mitglieder Beziehungen zueinander aufbauen, um sich Macht und Einfluss zu verschaffen. Sie gehen Bündnisse miteinander ein und bestimmte Mitglieder bilden sich entweder als Kristallisationspunkte oder als Katalysatoren heraus. Der Teamcoach genießt „noch“ eine besondere Autorität, weil dem Unternehmen die Wichtigkeit seiner Funktion bekannt ist. Doch muss er seine besondere Position auch legitimieren. Die Teammitglieder beobachten sowie bewerten das Verhalten des Teamcoachs und erkennen seine Führung an oder finden geschickt Mittel und Wege, sie zu unterlaufen.

In dieser Phase muss sich die Gruppe entscheiden, wie sie zusammen arbeiten will. Leider passiert dies viel zu häufig in Form von versteckten Andeutungen und kaum einmal in einem offenen und klärenden Gespräch. Im Grunde genommen hängt dieser Prozess mit dem Problem der Kontrolle zusammen.

Vier Fragen stehen dabei im Vordergrund:

1. Wer übt tatsächlich die Kontrollfunktionen aus?
2. Wie werden die Kontrollfunktionen ausgeübt?
3. Was geschieht mit den Teammitgliedern, die gegen die Gruppenregeln verstoßen?
4. Gibt es Sanktionen und wer entscheidet darüber?

Auf jede dieser Fragen muss das Team eine Antwort finden, wenn es sich weiterentwickeln will; die Möglichkeit der „Flucht nach vorne“ gibt es nicht. Das Team muss sich den anstehenden Schwierigkeiten stellen oder aber sie geschickt umgehen. Manchem Team gelingt es nicht, das Problem der Kontrolle befriedigend zu lösen. Es steht immerfort drohend im Raum und der scheinbare Fortschritt der Gruppe steht auf tönernen Füßen.

* Storming-Tipps für den Teamcoach:

- Wenn Sie verdeckte Konflikte zu erkennen glauben, sprechen Sie frühzeitig mit den Beteiligten. Je mehr Sie vorleben, dass Konflikte kein Makel sind, sondern normaler Bestandteil unseres Lebens, desto ehrlicher und offener kann der Storming-Prozess ablaufen.
- Suchen Sie nach Win-Win-Lösungen, nicht nach Ursachen und Schuldzuschreibungen.
- Geben Sie und holen Sie sich Feedback.

Phase 3: Organisierungsphase – Norming

Wenn das Problem der Kontrolle (für den Augenblick zumindest) zur Zufriedenheit gelöst ist, kann sich das Team mit neuer Kraft in die Arbeit stürzen. Die Teammitglieder wollen jetzt miteinander arbeiten und sind daran interessiert, die Gruppe funktionsfähig zu machen. In dieser Phase braucht das Team die Unterstützung und das Engagement aller Mitglieder. Fehlt dieses Engagement, und jeder kocht weiterhin seine eigene Suppe, kann das Team sich nicht weiterentwickeln.

Die Mitglieder messen die Qualität ihres Teams an der Exaktheit der Arbeit, sie bewerten und diskutieren die Leistungen der Einzelnen. Bezeichnenderweise verbessert sich ihre Fähigkeit des Zuhörens und sie fangen an, die Leistungen der anderen zu respektieren. Auch bemühen sie sich mehr und mehr um Ökonomie bei der Planung und Ausführung der Arbeit. Sie kreieren teamtypische Sprachkürzel und verwenden beträchtliche Zeit darauf, ihre Leistungen kritisch zu prüfen und neue Arbeitsbereiche zu erschließen.

In dieser Phase muss das Team lernen, mit Problemen kreativ, flexibel und effektiv umzugehen. Gelingt es ihm nicht, wird es dauerhaft mit Verlusten arbeiten, sich mit dem Mittelmaß begnügen und kaum danach trachten, Hervorragendes zu leisten.

Es lässt sich nicht vermeiden, dass die Organisierungsphase Zeit in Anspruch nimmt. Das Verständnis zwischen den Mitgliedern muss wachsen und sie müssen Lösungsstrategien einüben, um dauerhafte Spielregeln – auch Sanktionen – zu begründen und klare Ziele festzusetzen.

* Norming-Tipps für den Teamcoach:

- Fest etablierte Spielregeln in Meetings (zum Beispiel „ausreden lassen“, „keine Killerphrasen“, „auf den Punkt kommen“) helfen, sowohl eine gute Meetingkultur zu entwickeln als auch das Team an Regeln und Leitlinien zu gewöhnen.
- Achten Sie auf die Einhaltung gemeinsam vereinbarter Regeln und Kontrollmechanismen.

- Registrieren Sie aufmerksam, wann sich so etwas wie ein „Wir-Gefühl" etabliert und ob alle es teilen oder einige davon ausgeschlossen sind bzw. sich ausschließen.
- Fördern Sie Brainstorming-Prozesse zur kreativen Problemlösung.
- Geben Sie mehr Raum für eigene Entscheidungen, das Team wird dadurch autonomer.

Phase 4: Integrations- und Arbeitsphase – Performing

Die Mitglieder eines gereiften Teams zeigen Geschlossenheit und pflegen engen Kontakt untereinander; manchmal entstehen daraus sogar echte Freundschaften. Alle sind bereit, sich für ihre Kollegen einzusetzen, und die Freude, die sie aneinander haben, ist geradezu charakteristisch für sie. Ein Kennzeichen für diese Phase ist auch die Zwanglosigkeit im Umgang miteinander, doch beruht sie auf der gegenseitigen Hochachtung voreinander. Es herrscht die Gewissheit, dass jeder bereit ist einzuspringen, wenn Not am Mann ist. Die Funktionen und Rollen der Teammitglieder sind klar festgelegt und jeder hat seinen eigenen unverwechselbaren Beitrag zu leisten.

Einem Außenstehenden wird die Geschlossenheit der Gruppe auffallen, doch knüpfen die Mitglieder auch von sich aus Kontakte zu anderen Gruppen oder Teams. Sie wissen, wie schwierig es ist, das Auftreten von Gerüchten und verzerrten Eindrücken über die Teamarbeit zu verhindern, deshalb ergreifen sie Maßnahmen gegen die Gefahr, dass ihre Geschlossenheit als Arroganz und Isolierungsstreben ausgelegt wird. Das kann u. a. durch Einladungen an benachbarte Teams geschehen, an den eigenen Teammeetings teilzunehmen, bzw. die Bitte aussprechen, zu deren Teammeetings eingeladen zu werden. Oder auch durch gemeinsame (teamübergreifende) Meetings mit dem Arbeitsthema: „Was können wir gemeinsam tun, um die Zusammenarbeit/Kommunikation zwischen den Teams zu verbessern?"

Das Team befasst sich auch damit, seine Aufgabe und Rolle innerhalb der Gesamtorganisation zu klären. Ein richtiges Team wird nicht dulden, dass seine Funktion überflüssig oder unklar ist; vielmehr wird es auf die anderen Unternehmensbereiche einwirken, die ihm zustehende Anerkennung und Unterstützung zu gewähren. Genauso wie eine diskriminierte Minderheit lernt, ihrer Stimme Gehör zu verschaffen, weiß ein Team sich das erforderliche Stehvermögen anzueignen, um seiner Sache Erfolg zu bescheren.

Manchmal kommt es auch vor, dass sich in dieser Arbeitsphase wieder Konflikte ergeben und die Teams in die Phase 2 zurück müssen, um die Arbeitsfähigkeit wieder herzustellen. Dies kann auch durch den Wegfall eines Teammitgliedes oder durch einen Neuzugang verursacht werden. Die Rollen müssen wieder neu bestimmt, die Machtverhältnisse „ausgekegelt" werden und das Team muss sich wieder neu „ausbalancieren".

Stellen Sie sich folgendes Bild vor:

Eine Gruppe von Personen steht auf einer großen runden Holzscheibe, die genau in der Mitte auf einer Kegelspitze montiert ist. Die Gruppe hat sich auf der Scheibe so positioniert, dass die Scheibe in der Waagerechten, in der Balance ist. Nun können Sie sich leicht vorstellen, was passiert, wenn ein Teammitglied von der Scheibe hüpft oder ein neues Mitglied sich auf die Scheibe stellt. Bevor nun alle von der Scheibe purzeln, werden die auf der Scheibe befindlichen Personen sich schnell so aufstellen, dass die Scheibe wieder in Balance kommt.

Genau das Gleiche geschieht in einem Team mit dem Ergebnis, dass vermutlich keine der Personen mehr an der Stelle stehen wird, wo sie vor der Veränderung gestanden hat. An dieser Stelle wird deutlich, dass ein Team Zeit benötigt, um sich zusammenzuraufen und die Arbeitsphase (Performing) zu erreichen.

* Performing-Tipps für den Teamcoach:

- Feiern Sie gemeinsam Erfolge.
- Lassen Sie das Team notwendige Entscheidungen möglichst eigenständig treffen.
- Teilen und entwickeln Sie mit Ihrem Team Visionen.

Phase 5: Auflösung – Projektende –Adjourning

1970 fügte Tuckman noch eine 5. Phase hinzu, *Adjourning,* die Auflösungsphase, die insbesondere für Projektteams gilt, deren Arbeit irgendwann beendet ist.

Achtung: Bei einem zeitlich befristeten Team, in der Regel bei Projektteams, kann es gegen Ende passieren, dass einige Teammitglieder das Projektende gar nicht herbeisehnen, sondern gerne noch ein wenig länger mit den nun liebgewonnenen und geschätzten Kollegen zusammenarbeiten würden. Sie haben auch ein wenig Angst oder Sorgen vor dem mit Sicherheit kommenden „neuen Team", mit eventuell neuem Teamcoach, neuen Kollegen und neuen Aufgaben, womit der ganze gerade durchlaufene Prozess der Teamentwicklung von vorne beginnt.

Hier kann man bestimmte Phänomene beobachten, auf die der Teamcoach besonders in der Endphase achten sollte. Es kann beispielsweise passieren, dass sich auf einmal Fehler einschleichen, die Beendigung bestimmter Arbeitsschritte sich verzögert, plötzlich Probleme auftreten, mit denen man vorher nicht gerechnet hatte. Der Grund dafür kann darin liegen, dass Teammitglieder unbewusst das Projektende hinauszögern wollen. Manche sprechen sogar von Boykott oder Sabotage. Dieses Phänomen ist nachvollziehbar und der Teamcoch sollte gerade gegen Projektende verstärkt auf solche Signale achten.

Kommt nun das definitive Ende, dann hat sich folgende Vorgehensweise bewährt:

- Auflösung des Teams/Systems planen
- Reflexion der Teamentwicklung (Lessons Learned)
- Brauchen die Mitglieder des ehemaligen Teams noch etwas?

- Weitergabe des Wissens an andere Teams
- Deutliche Schlusspunkte setzen
- Rituale zum Teamabschluss
- Etablierte Regeln des Teams/Systems außer Kraft setzen

Einzelne Teammitglieder bei der Eingliederung in andere Teams unterstützen (Übergangscoaching)

Reflexion

Wenn Sie das Modell von Tuckman auf Ihr Team anwenden, in welcher/welchen Phase(n) befindet sich Ihr Team?

____

Woran machen Sie das fest?

____

Wie können Sie Ihr Team im Prozess unterstützen?

____

Gibt es eine Abkürzung statt des „langen Marsches"?

Oft werden wir gefragt, wie viele Monate denn vergehen müssen, um von der Phase Forming zur Phase Performing zu kommen. Eine exakte Angabe lässt sich nicht machen, da die Teamentwicklung sowohl von den Teammitgliedern als auch von den Ereignissen während des Entwicklungsprozesses abhängig ist. Manche Teams scheinen keine Konfliktphase zu kennen, manche schaffen es nie bis zur Arbeitsphase. Dieses Modell ist weniger linear als zyklisch zu sehen: Wenn zum Beispiel ein neuer Mitarbeiter ins Team kommt, geht der Teambildungsprozess von Neuem los. Leider gibt es keine „Abkürzung", keinen kleinen Trick oder Katalysator, der den Prozess ein wenig beschleunigen könnte.

Es handelt sich um einen Entwicklungsprozess von Menschen und nicht von Automaten, hier „menschelt's" eben. Mechanische Mitarbeiter (Roboter) wären sicherlich anspruchsloser, hätten keine Psyche und keine Gefühle, würden nicht streiken, krank werden oder widersprechen. Sie müssten höchstens mal von Zeit zu Zeit zur Inspektion. Zugegeben, das verringert das Konfliktpotenzial und könnte den Prozess beschleunigen, während der menschliche Mitarbeiter hingegen Wertschätzung, Anerkennung, Zuwendung und Motivation benötigt und oft auch danach verlangt. Und das ist gut so!

Es wurde schon oft versucht, diesen Teamentwicklungsprozess zu beschleunigen, so z. B. einige Phasen schneller zu durchlaufen oder zu überspringen, mit einem vorhersagbaren Monopoly-Effekt („Gehe nicht über Los, ziehe keine 4.000 Euro ein, gehe direkt ins Gefängnis!"). Das bedeutet: Sollte das Team es also versäumen, z. B. Regeln für die Zusammenarbeit aufzustellen, Konflikte zu bearbeiten, Beziehungspropleme unter den Teammitgliedern oder zum Teamcoach zu klären etc., so wird es immer wieder auf die Entwicklungsstufe (Phase) zurückgeworfen, in der das alles hätte erarbeitet oder geklärt werden müssen. Das Team mäandert vor sich hin! Es handelt sich dann nicht um ein „echtes Team", sondern eher um ein „Harmonie-um-jeden-Preis-Team", um ein „Pseudo-Team" (siehe **Abbildung 14**). Teams benötigen Zeit zur Entwicklung, Zeit zur Reife!

Nehmen Sie sich die dafür notwendige Zeit und haben Sie Geduld und die Kraft mit Ihrem Team alle vier Phasen durchzustehen und auszuhalten, denn dann werden Sie die Früchte des Erfolgs ernten können. In **Abbildung 13** haben wir den Prozessverlauf zum Hochleistungsteam, vom Anfang bis zum Ende, mit den dazugehörigen einzelnen Schritten übersichtlich zusammengefasst. Wir sagen nicht, dass es ein leichter Weg ist, wir sind aber davon überzeugt, dass es ein lohnender Weg sein wird. Wenn Sie am Ende des Wegs ankommen, dann sind Sie ein guter Teamcoach und erhalten wiederholt den gewünschten Return-on-Investment!"

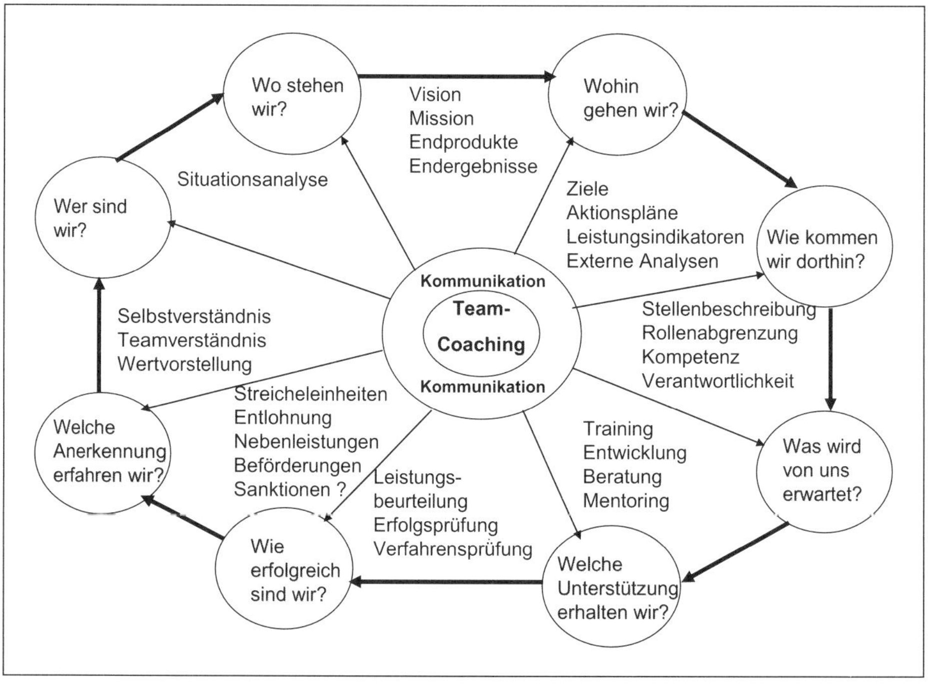

Quelle: In Anlehnung an TMS, Margerison-McCann
Abbildung 13: *Prozessverlauf zum Hochleistungsteam*

Mit Teammitgliedern umzugehen, sie optimal auszuwählen, einzusetzen und zu integrieren, ist eine Kunst und erfordert die oben genannten Kompetenzen: Professionalität und Geduld. Wer diese „Führungskunst" beherrscht, wird in Zukunft dauerhaft ein erfolgreicher Teamcoach sein. Darüber hinaus ist es für den Teamcoach wichtig zu beachten, dass er neben der Pflege und dem Ausbau der horizontalen Kooperationsbeziehungen auch die vertikalen Führungsbeziehungen pflegen und ausbauen muss, denn schließlich agiert ein Teamcoach nicht im luftleeren Raum, sondern ist in eine betriebliche Struktur/Kultur eingebunden. An dieser Stelle wird deutlich, dass systemisches Teamcoaching ohne Bezug zur Personal-, Organisations- und Kulturentwicklung nur schwer möglich ist (vgl. hierzu Kapitel 6.1 und 6.2).

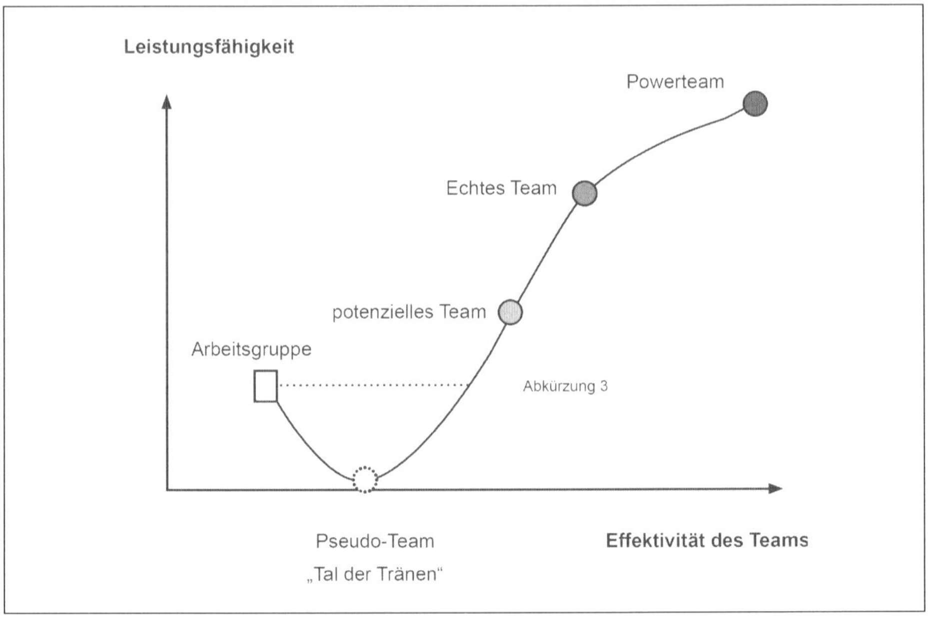

Quelle: Katzenbach/Smith, 1993, S. 125
Abbildung 14: *Die Teamleistungskurve*

In jeder Gruppe läuft der oben geschilderte Entwicklungsprozess ab. Häufig jedoch geht er nicht immer in die gewünschte Richtung, in Richtung auf ein Team zu. Die in Kapitel 3 bis 6 vorgestellten Teamentwicklungs- und Teamcoaching-Instrumente sollen es Ihnen erleichtern, den Entwicklungsprozess im Team zu steuern, die Entwicklung zum Team zu fördern und Fehlentwicklungen zu vermeiden oder zu beseitigen.

2.5 Fettnäpfchen und Tipps für die Praxis

Was ist die optimale Teamgröße?

Die Teamgröße wird vom Arbeitsbedarf und der Anzahl der integrierten Prozessschritte bestimmt. Sie ist also eher eine Folge anderer Entscheidungen, die wichtiger und zwingender sind, als ein autonomer Parameter. Die individuelle Arbeitsbelastung oder Überlastung pro Teammitglied ist ein guter Indikator dafür, ob das Team unterbesetzt ist. Dann sollten Sie das Team aufstocken, damit die Teammitglieder, die ihr Bestes geben, nicht frustriert und demoralisiert werden. Manche Experten behaupten, drei Personen sei die optimale Größe, denn danach beginne der „Overhead" zu wirken. Andere empfehlen fünf bis zehn Personen. Aus unserer praktischen Erfahrung heraus möchten wir empfehlen: je kleiner, umso besser!

Bei linearer ansteigender Anzahl von Gruppenmitgliedern steigt deren Kommunikationsbedarf exponentiell. Spätestens ab 13 Mitgliedern kommt es zu Subgruppen, wird das System unproduktiv. Wegen der Subgruppenbildung und der „Span of Control", d. h. der maximalen Anzahl der Mitarbeiter, die Sie noch direkt steuern, entwickeln und betreuen können, sollte die maximale Anzahl der Teammitglieder ca. 12 Personen betragen. Aber auch diese Zahl ist abhängig von der zu bewältigenden Aufgabe.

Es gibt keine fähiges Personal mehr

Viele Teamcoachs führen die Klage im Mund, dass es einfach kein gutes Personal mehr gebe. Und schon allein deshalb müssten sie alles selbst machen. Es mag zwar vordergründig chic klingen, dass man immer noch der Beste sei, aber es verrät auch gleichzeitig zwei Mängel: Erstens scheinen Sie nicht in der Lage zu sein, Ihre Teammitglieder auf das notwendige Niveau hin auszubilden, und zweitens beim Rekrutieren der Mitarbeiter nicht professionell genug vorgegangen zu sein. Es liegt doch meistens in Ihrer Hand, die Besten zu finden. Professionalisieren Sie daher Ihr Einstellungsprozedere. Lassen Sie sich von der Personalabteilung unterstützen und überprüfen Sie die Stellenbeschreibungen, Anzeigen in den Printmedien oder im Internet, Auswahlgespräche oder Eignungstests auf ihre Praxistauglichkeit.

Rekrutierung der Teamleiter aus den eigenen Reihen

Oft werden wegen „bestimmter Umstände" Teamleiter aus dem Kollegenkreis rekrutiert. Sie müssen dann gegenüber ihren ehemaligen Kollegen, mit denen sie viele „firmeninterne Abenteuer" erlebt haben, eine Führungsrolle einnehmen. Das birgt vermeidbares Konfliktpotenzial. Es gilt daher genau zu prüfen, ob der Teamleiter unbedingt aus den eigenen Reihen der ehemaligen Kollegen rekrutiert werden sollte oder ob diese Stelle nicht besser durch eine externe Person besetzt wird. Sollte es ein internes Karriereversprechen geben („Wir besetzen – wenn möglich – immer erst intern und dann extern!"), dann gilt es zu prüfen, ob nicht ein Mitarbeiter aus einem benachbarten Bereich der besser geeignete Kandidat ist. Natürlich gilt auch für ihn die Erfüllung der oben genannten Anforderungen an einen Teamcoach. Nicht immer ist der fachlich beste Mitarbeiter auch der bessere Teamcoach. Die Gefahr dabei ist, dass man eine sehr gute Fachkraft verliert und eine schlechte Führungskraft gewinnt. Im Extremfall – bei Versagen in der neuen Rolle – verliert man sogar den Mitarbeiter, jetzt Teamcoach, für das Unternehmen. Ein Zurück in die alte Fachkraft-Rolle ist oft nur mit Gesichtsverlust möglich.

Wettbewerb

Ungesunder Wettbewerb zwischen Teammitgliedern ist ein Kennzeichen schlechter Teamarbeit. Gesunder Wettbewerb unterscheidet sich von ungesundem vor allem darin, dass im gesunden die Kollegen akzeptieren können, dass der beste Kollege, das beste System oder die beste Strategie gewonnen hat und dass sie das verantwortliche Teammitglied den ihm zustehenden Erfolg genießen lassen. Viele Firmen verdanken einen großen Teil ihres Erfolges einem natürlichen Wettbewerbsgeist, der zwischen den Teams besteht, und dem Stolz (der sich in Teamstrukturen oft entwickelt), diesen Teams anzugehören. Häufig gibt es aber auch Abteilungen, die andauernd miteinander „auf Kriegsfuß" stehen und ständig versuchen, organisatorischen Vorrang, Einfluss oder Sondervorteile zu erlangen.

Der Wettbewerb zwischen den Teams kann konstruktiv genutzt werden, damit die Teammitglieder auf den Erfolg ihres Teams stolz sein können. Ungesunden Wettbewerb sollten Sie unterbinden, indem Sie dafür sorgen, dass zu anderen Teams gute Beziehungen aufgebaut werden. Dann schätzt und respektiert jedes Team die jeweils anderen und die jeweiligen Teamleiter bilden selbst wiederum ein effektives Team.

Bieten Sie Entwicklungsmöglichkeiten

Fördern Sie die Weiterbildung in Ihrem Team. Bitten Sie Ihre Teammitglieder, ihre Wünsche und Zukunftsvorstellungen bezüglich ihrer Karriere klar zu definieren. Achten Sie darauf, dass bei einer wirtschaftlichen Talfahrt viele sofort an den Abbau von Personal denken. Aber jede Talfahrt hat auch irgendwann einmal ein Ende und dann brauchen Sie mehr denn je gute und motivierte Mitarbeiter. Als Teamcoach werden Sie umso mehr respektiert, je mehr Sie Ihren Teammitgliedern ermöglichen, ihre Kompetenzen ständig auszubauen. Dadurch fühlen sich Ihre Mitarbeiter sowohl Ihnen als Teamcoach als auch dem Unternehmen stärker verbunden. Die Identifikation mit dem Team und dem Unternehmen wird für die Zukunft gefestigt.

Demotivation des Teamcoachs

Auch der beste Teamcoach hat mal das Recht, nicht „gut drauf" zu sein. Manchmal fällt es besonders schwer, sich morgens, wenn es dunkel, regnerisch und kalt ist, freudig auf den Weg zur Arbeit zu machen, um das Beste zu geben. Manchmal ist man einfach antriebsschwach, unmotiviert, lustlos. Nicht nur der Vorgesetzte oder die Teammitglieder unterstellen, dass etwas nicht in Ordnung ist, wenn der Teamcoach nicht lebensbejahend und freudig zur Arbeit kommt. Psychologen wissen, dass emotionale Zustände der Lustlosigkeit und fehlenden Begeisterung durchaus berechtigt sind. Sie gehören zum Wesen des Menschen und gehen manchmal einem Kreativitäts- oder Motivationsschub voraus. Nur: Das Arbeiten fällt leichter, wenn man gerne und motiviert herangeht. Unser Tipp: Einfach professionell und verantwortungsbewusst das tun, was getan werden muss; auch wenn es gerade mal keinen Spaß macht. Das ist oft der erste Schritt aus dem Motivationsloch.

Integration neuer Teammitglieder

Ein neuer Mitarbeiter wird den Teambildungsprozess von Neuem in Gang setzen. 75 Prozent aller Kündigungen erfolgen von Mitarbeitern, die weniger als ein Jahr dem Unternehmen angehörten. Das hat Folgen:

1. Es entstehen dem Unternehmen enorme Kosten.
2. Es stört eine hohe Fluktuationsrate die Effektivität Ihres Teams.

Neue Mitarbeiter belegen viel Zeit des Teamcoachs für Einweisung, Vermittlung der Gepflogenheiten und Motivation. Es ist daher wichtig, ihn bei Teammeetings und bei der Integration in das Team voll zu unterstützen und ihm aus dem Team einen Mentor zur Seite zu stellen.

Team als „autistische Gruppe"

Manchmal kann die relative Geschlossenheit und Selbstreferenz etablierter Teams eine Wahrnehmungsunfähigkeit und Blindheit gegenüber Forderungen des Teamcoachs, benachbarter Teams oder Top-Managements hervorbringen. Das Team verhält sich dann ähnlich einer „autistischen Gruppe". Dies zeigt sich durch einen abweichenden Informationsverarbeitungsmodus, der sich durch Schwächen in der sozialen Interaktion und Kommunikation untereinander äußert. Viele Teamhandlungen laufen ritualisiert ab und Abweichungen von diesen Ritualen führen zu Chaos im Team, denn „autistische Teams" haben bei unerwarteten Veränderungen von Situationen oder Abläufen keine alternativen Strategien. Solche unproduktiven Strukturen kann man durch entsprechende Teamentwicklungsmaßnahmen abbauen, oft auch erst durch das Austauschen des Teamcoachs. Dieser ernüchternde Tipp gehört ebenso zur Realität wie die Möglichkeit einer harmonischen Selbstentwicklung des Teams.

Meine Erkenntnisse in diesem Kapitel:

Was kann ich tun, um diese Erkenntnisse für mich, mein Team und mein Unternehmen nutzbar zu machen?

Ab wann werde ich beginnen?____

3. Der Teamcoach, die multifunktionale Allzweckwaffe?

Sicher hat der eine oder andere von Ihnen schon einmal seine Mitarbeiter gecoacht, ohne dieses oder andere Bücher gelesen und ohne eine Ausbildung dafür absolviert zu haben. Sie nutzten Ihren gesunden Menschenverstand, plus Ihre bisherigen Kenntnisse, Fertigkeiten und Erfahrungen, setzten sich mit den Mitarbeitern zusammen und gaben ihnen ein ausführliches Feedback zu ihren Arbeitsergebnissen und ihrem Verhalten.

Teamcoaching ist keine Erfindung des 21. Jahrhunderts. Teamarbeit gibt es schon lange und es wurden mehrheitlich gute Erfahrungen damit gemacht. Warum nun also Teamcoaching in Unternehmen?

In wirtschaftlich prosperierenden Zeiten kauften sich Unternehmen die notwendige Unterstützung einfach und leicht extern ein, dies galt auch für Teamcoaching. In Zeiten schrumpfender Budgets sind für anstehende Veränderungen oft kaum Mittel vorhanden, die Kosten werden fast überall reduziert. Die anstehenden Aufgaben müssen mit den an Bord befindlichen Personen und Mitteln bewältigt werden.

Das Vermögen des Unternehmens ist das, was Ihre Mitarbeiter zu leisten vermögen.

Das Leistungsvermögen der Mitarbeiter ist das Kapital des Unternehmens. Als Teamcoach sind Sie der „Vermögensberater“, der umso erfolgreicher ist, je mehr er dieses Kapital vermehrt, das Potenzial des Einzelnen entwickelt, das Leistungsvermögen steigert. Es ist dem wirtschaftlichen Umfeld geschuldet, dass Teamcoaching im Unternehmen, realisiert durch Mitarbeiter aus der Personalabteilung oder von den eigenen Führungskräften, immer populärer wird.

Die Führungskraft als Teamcoach wird als Mensch mit besonderer Verantwortung im Unternehmen sogar noch wichtiger als früher. Denn das Führen hin zu unternehmerischen Ergebnissen ist essenziell, während Hierarchien zunehmend verschwimmen oder verschwinden.

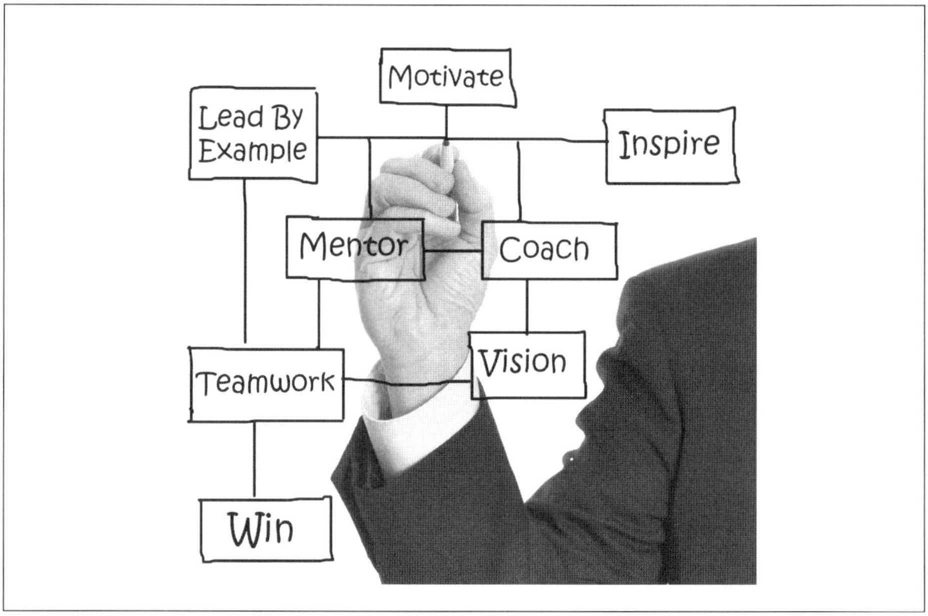

Quelle: © Stephen VanHorn – Fotolia.com/id/13541474
Abbildung 15: *Teamcoach als multifunktionale Allzweckwaffe*

Spezifische Fragestellungen und lösungsfokussierte Interventionen bilden den Kern des Teamcoachings. Gleichzeitig lebt es von einer ganz bestimmten persönlichen Führungshaltung. Diese Einstellung sowie die dafür notwendigen Werkzeuge, Interventionen und Fragestellungen stellen wir nachfolgend vor.

3.1 Teamcoaching als Führungsstil

Wie in Kapitel 2 beschrieben, handelt es sich bei der erfolgreichen Teamentwicklung um einen Prozess. Eine einmalige Intervention oder ein Teambildungsseminar reicht nicht aus. Vielmehr ist ein kontinuierlicher Entwicklungsprozess notwendig. Der Teamcoach zeichnet sich dadurch aus, mit einer klar lösungs- und zielfokussierten Haltung sein Team zu führen und kontinuierlich dabei zu unterstützen, selbst optimale Lösungen für die bestehende Aufgabe zu finden.

Die häufigste Frage, die uns als Coachs und Berater von Führungskräften gestellt wird, lautet: Was ist der beste Führungsstil? Ein guter Teamcoach würde antworten: Was glauben Sie, ist der beste Führungsstil? Oder: Kann es bei der Vielschichtigkeit der zu lösenden Aufgaben einen *allerbesten* Führungsstil geben?

Jetzt ist die Führungskraft gefordert, darüber nachzudenken, ob es überhaupt einen besten Führungsstil geben kann oder es doch eher auf die konkrete Situation ankommt, die im Führungsalltag sehr unterschiedlich sein kann.

Peter Drucker, „Erfinder" des Managements und Management-Guru, war ein sogenannter „Bystander", der andere sehr genau beobachtete und das Denken über Management konzeptionell auf eine höhere Ebene brachte. Er hat immer deutlich gemacht, dass Manager tagtäglich von ihren Mitarbeitern sehr genau beobachtet werden. Über kaum eine Gruppe von Menschen wird im Arbeitsalltag so viel geredet oder getratscht wie über die Manager. Die Mitarbeiter nehmen sehr genau wahr, wie sich ihr Manager verhält, was er sagt und vor allem, wie er seine eigene Rolle im Unternehmen sieht. Eine Gefahr ist, dass die Manager verkennen, wie genau sie beobachtet werden. Sie entfernen sich von ihrem Team und von den Mitarbeitern, ohne sich dessen bewusst zu sein.

Und genau davor hat Drucker immer gewarnt. Für ihn war entscheidend: Verschreibt sich der Chef voll und ganz dem Unternehmen, dem Team, der Sache, seiner Aufgabe? Oder geht es ihm um seine Person, um die eigene Anerkennung – als Alphatier –, um die eigene Provision? Wenn das der Fall ist, dann verliert er an Legitimität in seiner Manager-Rolle.

Wichtig war Drucker immer, dass die Führungskräfte über sich selbst reflektieren, ihr Selbstbild hinterfragen und sich selbst nicht wichtiger nehmen als das Unternehmen, das Team und seine Aufgaben.

* Tipp

Versuchen Sie, sich einmal in die Position eines unbeteiligten Beobachters zu versetzen, der Ihnen und Ihrem Team aus der Distanz bei der Zusammenarbeit zuschaut:

Wie würde er Ihr Verhalten und Ihre Rolle einschätzen?

Was würde er Ihnen vielleicht raten, verstärkt zu tun oder zu unterlassen?

Wie würde er Ihre Nähe zum Team und zu den einzelnen Teammitgliedern beschreiben? (Teambild)

Führungstechniken versus Führungsstile

Bei der Vielzahl der verschiedenen Management by ...-Techniken, so z. B. Management by Delegation (MbD), Management by Objectives (MbO) oder Management by Motivation (MbM), handelt es sich um Führungstechniken, die man relativ schnell erlernen kann.

Während es bei den Führungstechniken darum geht, *was* man tut, handelt es sich bei der Vielzahl der verschiedenen Führungsstile, wie autoritärer oder kollegialer Führungsstil, darum, *wie* man es tut. Um den heutigen Dauerstress einer Führungskraft zu vermeiden und dazu sowohl die Forderung von Peter Drucker nach Selbstreflexion zu erfüllen als auch dem gestiegenen Anspruch an die Professionalität zu entsprechen, lautet unser Angebot an die Führungskräfte und Teamleiter, diese Verhaltensbandbreite „wie man etwas tut" um eine neue Variante zu erweitern, nämlich um Teamcoaching. Zugegeben, beim Coaching ist die Freiwilligkeit eine zwingende Voraussetzung für den Erfolg des Coachings. Sie ist beim Individualcoaching mit einem Teammitglied auch erforderlich, doch wird es beim Teamcoaching durch den Teamleiter nicht so sein, dass er seine Teammitglieder befragt, welcher Führungsstil denn nun gewünscht sei. Dafür ist er dann allerdings auch sowohl für die Qualität seiner Beratung als auch für die Arbeitsergebnisse verantwortlich. Das ist für eine Führungskraft nicht neu, denn für Letztgenanntes war sie schon immer verantwortlich.

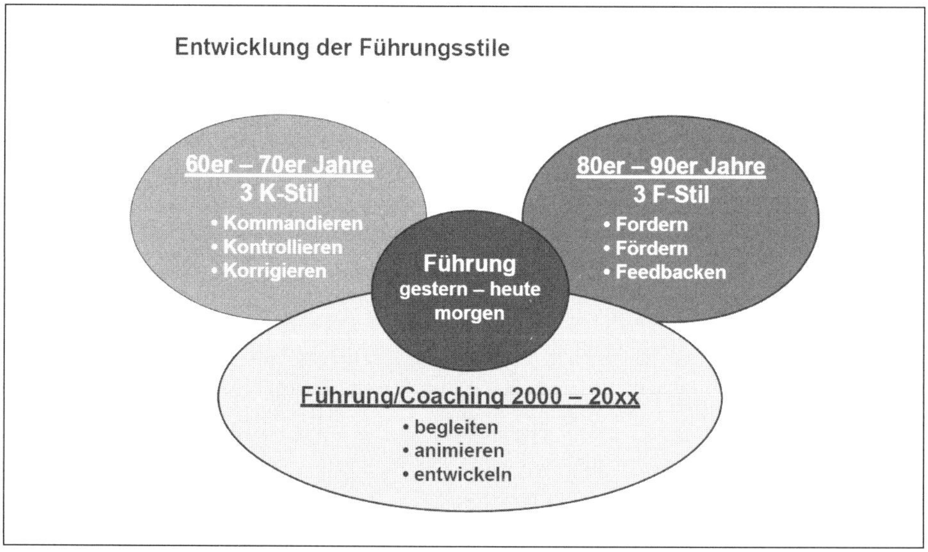

Abbildung 16: *Führungsstile – gestern – heute – morgen*

Das ist der Preis für die Wahl des Teamcoachings als Führungsstil. Unsere Empfehlung an die Führungskräfte und Teamleiter ist daher, Teamcoaching als Führungsstil mit in ihr Verhaltens- und Vorgehensrepertoire aufzunehmen, um die Erwartungen an eine Führungskraft für die nächste Dekade (2010-2020) erfüllen zu können.

Wenn ich nicht erkenne, wie ich mir immer wieder ein Bein stelle, dann werde ich auch nicht in der Lage sein, irgendetwas zu verändern.
Wenn ich erkenne, aber nicht akzeptiere, womit ich mir selbst Schwierigkeiten bereite, dann ist die Chance auf Veränderung ebenfalls sehr gering.
Erst wenn ich für mich selbst akzeptiert habe, dass das, was ich da sehe, ja ich bin, dann kann ich frei entscheiden, ob ich etwas verändern will oder nicht.

Der richtige Führungsstil zur rechten Zeit

Als Teamcoach haben Sie einen großen Anteil am Erfolg ihrer Teammitglieder, indem Sie kommunizieren, informieren, motivieren und fördern, aber auch rechtzeitig erkennen, wann Sie Druck ausüben, Ergebnisse einfordern oder auch eindeutiges und klares Feedback geben müssen.

Überlegen Sie als Teamcoach, wann welcher Führungsstil angesagt ist. Wenn es z. B. „brennt" (vgl. Kapitel 5), kann man nicht ein Teammeeting einberufen und im Team entspannt besprechen, was als Nächstes getan oder unterlassen werden sollte. Es gibt also Situationen, in denen ein ganz bestimmter Führungsstil mehr Erfolg verspricht als ein anderer. Dies soll den Führungsstil „Teamcoaching" nicht in seinen Erfolgsaussichten schmälern, aber auch seine Grenzen aufzeigen (siehe auch „Fettnäpfchen und Tipps für die Praxis" am Ende des Kapitels).

* Tipps

- Prüfen Sie immer wieder, wie Ihr Führungsstil wirkt und ob er die gewünschten Ergebnisse bringt.
- Wechseln Sie Führungsstile nicht zu häufig, sonst wird es Ihnen als sprunghaftes („Rumpelstilzchen"-Führungsstil, siehe Glossar) und widersprüchliches Verhalten ausgelegt.
- Vermeiden Sie grundsätzlich Führungsstile, die Ihrem eigenen Charakter fundamental entgegenstehen – das wirkt fast immer aufgesetzt.

Wie man Mitarbeiter fördert und zu guter Leistung motiviert, das wissen Sie. Und Sie wissen auch, dass die Veränderungsgeschwindigkeit und damit der Druck auf alle eher noch zu- als abnimmt. Je weniger Zeit Sie für Ihre Teammitglieder zur Verfügung haben, desto wichtiger ist es, diese limitierte Zeit für Teamcoaching zu verwenden. Der folgende Fragencheck zeigt, was diesen Führungsstil kennzeichnet:

☑ Fragencheck

Frage	Ja	Nein
1. Achte ich bei meinen Mitarbeitern auf angemessenes Lob und konstruktive Kritik?		
2. Biete ich systematische Weiterbildung, auch für neue Aufgaben?		
3. Habe ich ein persönliches Wort zur rechten Zeit?		
4. Steuere ich mich und mein Verhalten im organisationalen Beziehungsgeflecht?		
5. Reguliere ich für mich Nähe und Distanz zu anderen?		
6. Bringe ich mich in Such- und Entscheidungsprozesse ein?		
7. Trage ich dazu bei, hindernde Kommunikationsmuster wahrzunehmen und ansprechbar zu machen?		
8. Trage ich dazu bei, dass Widerstände und Autoritätskrisen konstruktiv zur Weiterentwicklung genutzt werden?		
9. Kann ich zwischen Handlungs- und Reflexionsperspektive unterscheiden?		
10. Unterscheide ich mich in meiner Wirksamkeit von anderen?		
11. Bin ich gerade unter Druck präsent?		
12. Gibt es regelmäßige Teammeetings?		
13. Steht meine Tür für Teammitglieder offen?		
14. Zeige ich mein Interesse an Status und Zwischenergebnissen von erteilten Aufträgen?		
15. Zeige ich Interesse an der persönlichen Einschätzung des Mitarbeiters zu wichtigen Themen?		
16. Frage ich nach der persönlichen Situation des Mitarbeiters?		

Wenn Sie von 16 Fragen mehr als sieben Fragen mit Nein beantwortet haben, dann ist Teamcoaching als Führungsstil das Gebot der Stunde.

Was unterscheidet Teamcoaching von der Führung in etablierten Linienfunktionen?

Wesentliche Unterschiede zwischen Teamcoach und Teamleiter sind:

1. Der Teamcoach arbeitet mit Beschreibungen, anstatt von einer „objektiven Wahrheit" auszugehen.
2. Der Teamcoach denkt in Lösungsalternativen, anstatt nach eindeutigen Lösungen suchen zu lassen.
3. Der Teamcoach setzt auf Teamintelligenz und Vernetzung statt auf lineare Kausalketten.
4. Der Teamcoach unterstützt Entscheidungen seines Teams, auch wenn sie mit einem Restrisiko behaftet sind.
5. Der Teamcoach lässt sich nicht von unerwarteten Situationen paralysieren.
6. Der Teamcoach hat eine sensible Wahrnehmung für Instabiles, kann Entwicklungen und Trends erfassen und vernetzen.

Ein Teamcoach lässt sich nicht den Blick durch vordergründig Angebotenes vernebeln und durch vermeintlich bewährte Methoden einengen, sondern nimmt aufmerksam alle Ereignisse und Signale auf, die er in seinem Team und bei den einzelnen Teammitgliedern beobachtet. Er verschließt vor den existierenden oder kommenden Schwierigkeiten nicht die Augen.

Viele Perspektiven sind Trumpf!

Jedes Teammitglied darf seine eigene Sicht der Dinge haben, und der Teamcoach versucht, Verständnis für die Situation des jeweils anderen aufzubringen. Mit dem Team setzt er sich auseinander über:

- Rollenerwartungen
- Einstellung zur Arbeit
- Aufgabenverteilung
- Grenzen
- Problematische Situationen in der Teamarbeit
- Umgang mit Konflikten
- Aktivierung der Team-Ressourcen

Das Arbeiten als Teamcoach stellt somit andere Anforderungen an den Teamleiter als das Wahrnehmen einer „einfachen" Linienfunktion. Wer es als Teamcoach schafft, „Mitspieler" für die Ideen seines Teams oder seine eigenen zu finden und zu begeistern, ist dem Erfolg ganz nahe. Denn nachweislich ist ein Team, das sich aus lediglich mittelmäßigen Mitgliedern (Spielern) zusammensetzt, zu Spitzenleistungen fähig, wenn die Zusammenarbeit zwischen den einzelnen Mitgliedern gut funktioniert. Es ist daher kein Zufall, dass ein Teamcoach, der bereit ist, Risiko und Verantwortung zu tragen, und der Konflikte austrägt, den Weg des Teams zum Erfolg klar steuern kann und nicht Gefahr läuft, von der Teamdynamik neutralisiert oder fortgespült zu werden. Gemeinsam an einem Strang in die gleiche Richtung zu ziehen ist leichter, als einsam an einem Seil zu „hängen".

Teamcoaching als Führungsstil folgt ähnlichen Prinzipien wie ein Echo: **Dem Team Kraft spenden, um als Teamcoach Kraft zu erhalten!**

Der Teamleiter kann seine anspruchsvolle Rolle und Aufgabe nur erfüllen, wenn ihn sein Team dabei unterstützt. Arbeiten auch nur einige Teammitglieder „gegen" ihn, zerreibt er sich zwischen den Teammitgliedern und seinem Vorgesetzten. Management bedeutet eigentlich „an der Hand führen". Deshalb gehören Prozessplanung, Selbstorganisation, kommunikative Kompetenz und Praxiserfahrung sowie Hilfe zur Selbsthilfe zu den Basisinstrumenten des Teamcoachs. Daneben ist eine der wichtigsten Fähigkeiten von Teamcoachs, innerlich in der Balance zu sein. Sehr häufig beklagen Mitarbeiter, dass ihr Chef einmal die Freundlichkeit in Person verkörpere und dann wieder – aus heiterem Himmel – sie abkanzle (vgl. dazu unten Kapitel 3.4 „Fettnäpfchen und Tipps für die Praxis).

Berechenbarkeit, Kontinuität, Verbindlichkeit und Glaubwürdigkeit sind wichtige Standbeine für einen Coach. Kann dieser jedoch mit steigendem Druck nicht umgehen, wird es schwer, die Teamleistung punktgenau abzuliefern. Natürlich ist es wichtig, für den Erfolg zu kämpfen. Doch hier ist nicht falscher Ehrgeiz gemeint, der einen ins Verderben führt, weil man nichts anderes mehr im Kopf hat und verbissen an der Erfüllung des gesetzten Zieles arbeitet. An dieser Stelle ist vielmehr eine starke Willenskraft gemeint, die dabei hilft, auch in schwierigen Entwicklungsphasen gelassen dran zu bleiben, weil man weiß, dass der Einsatz sich lohnt. Das Standvermögen des Teamcoachs fördert den langfristigen und andauernden Erfolg des Teams.

Beispiel

O-Ton eines Managers in einem Telekommunikationsunternehmen angesichts eines neuen Veränderungsprozesses: „Also Leute, die da oben haben sich wieder was Tolles einfallen lassen, ich verstehe es zwar nicht, aber da müssen wir jetzt durch. Bestimmt wird es nächstes Jahr wieder andersherum gestrickt."

Wer seine Mitarbeiter so auf eine bevorstehende Veränderung vorbereitet, wird wenig Gefolgschaft finden. Keine Identifikation mit der Aufgabe, ein Schuss Ironie und Resignation ersticken jegliche Motivation im Keim.

Beispiel

O-Ton eines Managers in demselben Unternehmen: „Also wir haben Folgendes vor ..., Ziel dabei ist ..., die Idee dahinter ist ... – wie seht ihr das?" – Verhaltene Skepsis – „Ja, ich verstehe ..., das habe ich auch hinterfragt und folgende Aspekte haben mich überzeugt ..." – „Lasst uns mal überlegen, was es den Kunden bringen könnte ..." – „O. K., erst mal haben wir jetzt etwas Mehrarbeit, aber es bringt uns und unseren Kunden folgende Vorteile ..." – „Was sind jetzt die nächsten Schritte?"

Das klare Bekenntnis zum Unternehmen und seinen Zielen („wir"), verbunden mit der Einbeziehung der Teammitglieder und Diskussion ihrer Zweifel, führt hier zu deutlich mehr Akzeptanz.

Die sich immer schneller ändernden Rahmenbedingungen verlangen Teamcoachs, die in der Lage sind, die Forderungen ihrer Teammitglieder nach „angemessener" Führung zu erfüllen. Damit wird deutlich, dass die klassische Rolle des Vorgesetzten ein Auslaufmodell ist.

Verantwortung zu übernehmen, gerade dann, wenn etwas schiefgelaufen ist, bedeutet Druck zu ertragen und sich Schwierigkeiten zu stellen. Und je mehr sich die Rahmenbedingungen innerhalb einer Organisation verschlechtern, umso geringer wird die Bereitschaft zu echter Verantwortungsübernahme. Weil Fehler aber immer passieren können, stellen Ausreden, Ausflüchte und „Schuldzuschreibungen" eine permanente Gefährdung der persönlichen Integrität dar.

Bleiben Sie als Teamcoach unbedingt authentisch und richten Sie Ihre Meinung nicht opportunistisch nach der „allgemeinen Großwetterlage". Das verunsichert nur, denn Teammitglieder benötigen Berechenbarkeit, einen „Fels in der Brandung", einen Kompass, der ihnen den Weg weist.

Seien Sie folgerichtig im Denken und Handeln, d. h., Sie sollten Ihr Handeln an den von Ihnen und dem Team aufgestellten Regeln und Aussagen ausrichten. Nicht nach dem Grundsatz: *Gottvater gibt, Gottvater nimmt!* Immer dann, wenn Sie ein Ziel konkret formuliert haben, müssen Sie darauf achten, dass auch konsequent danach gehandelt wird.

Erst wenn wir auch meinen, was wir sagen, und tun, was wir meinen, schaffen wir Glaubwürdigkeit und Vertrauen.

Teamcoaching als Führungsstil sollte nicht mit Inkonsequenz verwechselt werden. Ein Teamcoach ist kein „Weichei" oder „Warmduscher". Was einmal beschlossen wurde, ist verbindlich, gerade im Hinblick auf das Erreichen vereinbarter Ziele.

3.2 Elementare Teamcoaching-Aufgaben: Die Führungskraft mit Führungs-Kraft

Die Aufgaben eines Teamcoachs sind vielfältig und legen die Vermutung nahe, es scheint sich beim Teamcoach um ein Multitalent zu handeln, das all diese oben beschriebenen Kompetenzen hat, um die gestellten Aufgaben auf gleichermaßen hohem Niveau zu vollbringen. Das Team muss koordiniert, motiviert und die Teammeetings müssen moderiert werden. Einige Teammitglieder benötigen Beratung/Coaching und hin und wieder einen Kick, ihre Aufgaben auch wirklich zu erledigen. Konflikte gibt es natürlich auch, die entweder durch Konsens oder Durchgreifen gelöst werden müssen.

Und wie bei jedem guten Team gibt es benachbarte Gruppen, Teams, Bereiche oder Abteilungen und andere Einflussgrößen, die auf unterschiedlichste Weise auf die Teamarbeit einwirken.

Vertrauen als Basis

Eine der wichtigsten und wertvollsten Voraussetzungen für erfolgreiches Teamcoaching ist Vertrauen. Vertrauen bedeutet die Klammer, die ein Team zusammenhält, oder den Rahmen, in dem sich ein fruchtbares Miteinander entwickeln kann.

Vier Perspektiven von Vertrauen:

1. Das Selbstvertrauen des Teamcoachs in seine eigenen Hard- und Soft Skills.
2. Das Vertrauen in sein Team und in die Chancen einer Weiterentwicklung.
3. Das Vertrauen des Teams in die menschlichen und fachlichen Qualitäten ihres Teamcoachs.
4. Das Selbstvertrauen der Teammitglieder in ihre eigene Weiterentwicklung.

Diese vier Perspektiven sind nicht unabhängig voneinander zu betrachten, sondern sie bedingen sich gegenseitig. Die von allen gewünschte Zielerreichung ist somit zum einen abhängig von der Qualität und Kompetenz des Teamcoachs, aber zum anderen auch vom Vertrauen der Teammitglieder in ihren Teamcoach und in sich selbst. Diese Interaktionen zeigen ebenfalls auf, dass der Coach einen erheblichen Teil dazu beitragen kann, dass Vertrauen entsteht und somit ein entwicklungsorientiertes Teamcoaching möglich wird.

Gleichzeitig zeigt sich auch, dass die Güte des Coachingprozesses eben nicht nur vom Teamcoach abhängig ist.

In der Welt von Sport, Musik und Theater ist es selbstverständlich, dass Mannschaften, Orchester und Ensembles routinemäßig das Zusammenwirken in der Gruppe proben; nur so können sie die erwarteten Höchstleistungen erbringen. In einem allmählichen, tastenden

Prozess werden dabei individuelle Fähigkeiten und Initiativen in den einzigartigen und dynamischen Kontext des Teams integriert. Die Effizienz eines Teams hängt davon ab, wie gut Talente und Fähigkeiten der Teammitglieder eingebunden und nutzbar gemacht werden. Teamleistung stützt sich in erster Linie auf ein Geflecht von Vertrauen, Timing und Interaktion, das zwischen den Beteiligten entsteht. Ein solches Geflecht gedeiht am besten in einem fruchtbaren Wechsel von Lernen und Ausprobieren, bei dem Fehler als Chance für spielerische Lernerfahrungen und nicht als Blamage erfahren werden.

Lernerfahrung:

Hans-Georg Plaut, verstorbener Gründer der Beratungsgruppe Plaut mit Sitz in Wien, hatte seine eigenen Ansichten zum Thema „Lernen“ in einem kleinen Frage-und-Antwort-Spiel zwischen einem Journalisten und einem Unternehmer formuliert:

Journalist: „Worauf führen Sie ihre Erfolge zurück?“

Plaut: „Auf richtige Entscheidungen.“

Journalist: „Und wie kommen Sie zu Ihren richtigen Entscheidungen?“

Plaut: „Erfahrung.“

Journalist: „Und wie kommen Sie bitteschön zu Ihren Erfahrungen?“

Plaut: „Falsche Entscheidungen.“

> ***„Fehler vermeidet man, indem man Erfahrungen sammelt. Erfahrungen sammelt man, indem man Fehler macht.“*** **Laurence J. Peter**

Was passiert, wenn Vertrauen ausgeklammert oder missbraucht wird, beschreibt Christopher Rauen (Coaching-Newsletter, 04/2010) sehr plastisch. Er spricht bei einem der beiden Extreme vom *Coaching-Techniker,* also ein methodisch durchaus kompetenter Coach, der allerdings den Aspekt von Begegnung und Beziehung im Coaching insofern vernachlässigt, als dass er sich vorrangig auf Methoden, Instrumente und Tests fokussiert. Dies kann zur Folge haben, dass selbst über einen längeren Zeitraum technisch brillante Analysen und Veränderungsimpulse gegeben werden, jedoch jegliche Entwicklung beim Coachee ausbleibt. Häufig wird dann vonseiten des Teamcoachs als Erklärungsmodell der „Widerstand“ des Coachees bemüht, welcher dann durch weitere Tools analysiert wird. Diese Methodenverliebtheit kann auf beiden Seiten ungewollt zur Frustration führen.

Das andere Extrem als Teamcoach ist der *Scharlatan,* der sehr stark die Beziehungsebene fokussiert und die Illusion von Vertrauen erzeugen kann, dem es aber an menschlichen Qualitäten sowie an Prozess- und Fachkompetenz mangelt. Durch gezieltes Einbringen von Vorleistungen in die Beziehung ermutigt er den Coachee, sich ebenfalls zu öffnen, um seine Schwachstellen zu erfahren.

Anhand dieser beiden gegensätzlichen Pole kann man erkennen, dass sowohl das Vernachlässigen als auch das Überbetonen einer Vertrauensbeziehung im Coaching negative Auswirkungen auf die Güte des Coachingprozesses haben kann. Letztlich bleibt natürlich immer die Gefahr bestehen, dass eine Vertrauensbeziehung ausgenutzt werden kann. Aber ohne das Erleben von Vertrauen ist eine solche Entwicklung kaum denkbar.

Bedeutung von Vertrauen – Entwicklung – Motivation

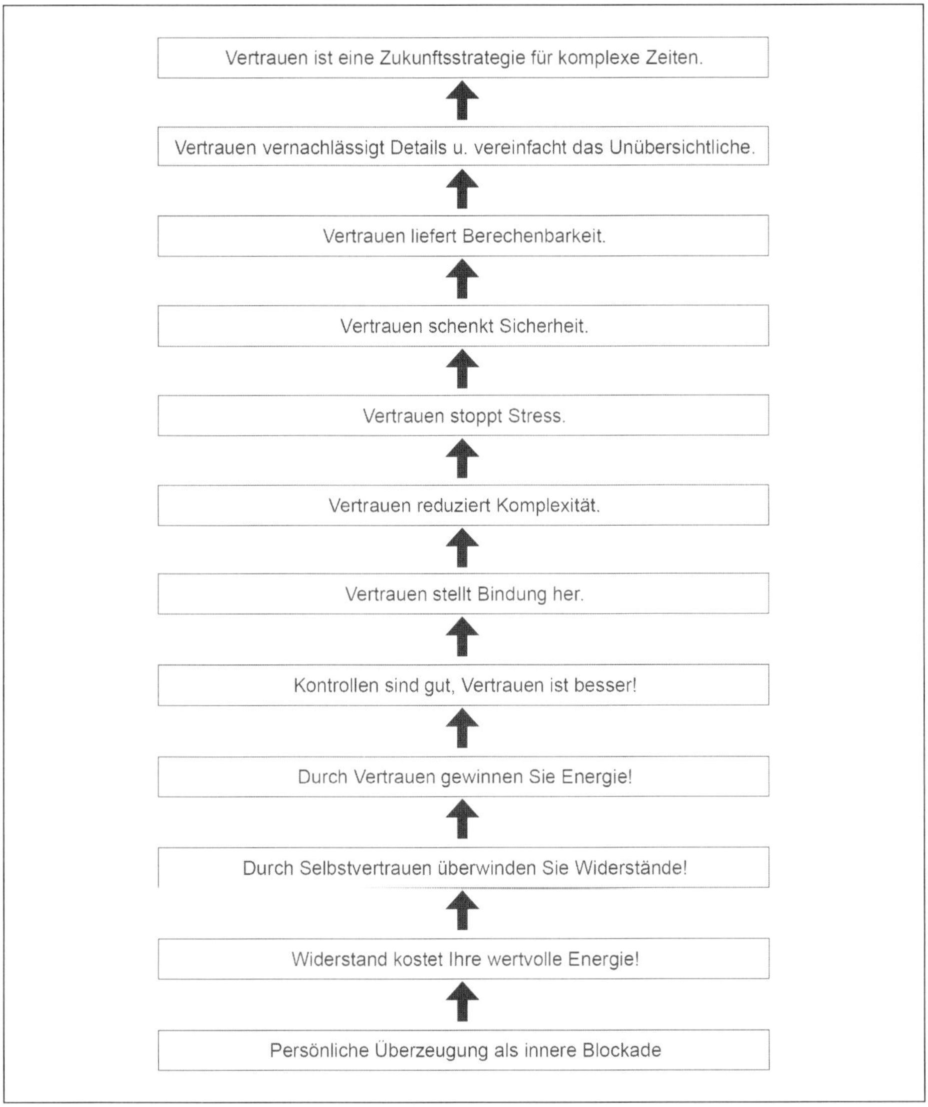

Abbildung 17: *Vertrauen – Entwicklung – Motivation*

Wenn nun ein Teamleiter für sein Team schon über eine gewisse Zeit Verantwortung trägt, können sich vertrauensvolle Beziehungen aus der Erfahrung der Zusammenarbeit entwickelt haben. Sollte er allerdings neu das Team als Teamcoach übernommen haben, dann hat dies die Konsequenz, dass sich eine stabile Vertrauensbasis erst in einem späteren Beziehungsstadium etablieren kann.

Klassische Führungsaufgaben eines Teamcoachs

Auch wenn Vertrauen eine Bedingung darstellt, ohne die es beim Teamcoaching nicht geht, ist das Beherrschen der klassischen und essenziellen Managementtätigkeiten die Grundlage einer jeden Führungskraft. Der „Führungskreis" ist dazu ein sehr guter „roter Faden".

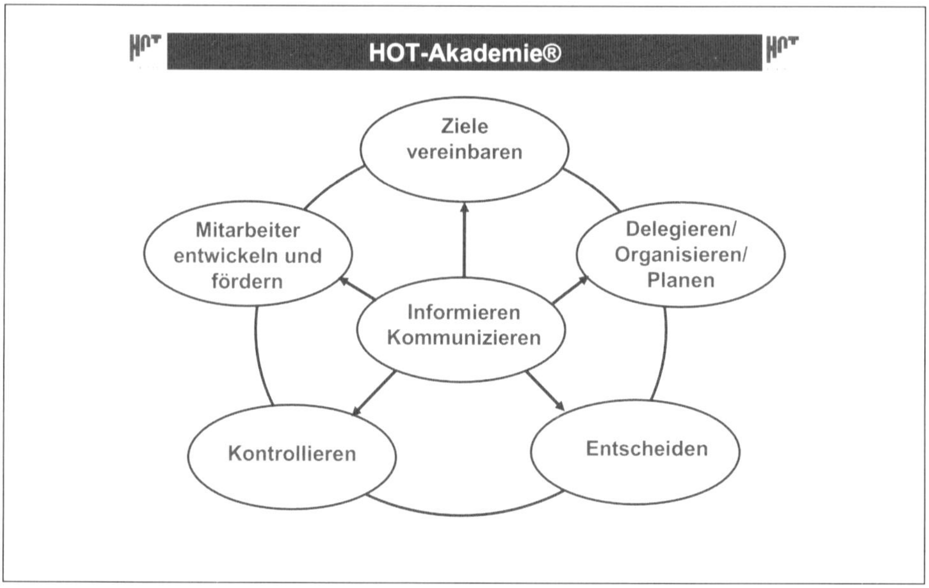

Abbildung 18: *„Führungskreis" der essenziellen Managementtätigkeiten*

Diese grundlegenden Managementtätigkeiten sind maßgeblich, wenn es um die professionelle Führung von Teammitgliedern geht. Komplexität beherrschen, Neues angehen, Ziele setzen, Entscheidungen treffen, kontrollieren, Teammitglieder entwickeln und fördern sowie immer informieren und kommunizieren sind Basics, aber beherrschen sollte man sie trotzdem. Auch wenn man als Teamcoach glaubt, man habe genug informiert, telefoniert, E-Mails geschrieben, Meetings einberufen etc., so stimmt auch beim Teamcoaching eine alte Führungsweisheit:

„Man kann gar nicht genug kommunizieren!"

Es wird trotz aller moderner Kommunikationsmittel (oder gerade deswegen) immer wieder eine gewisse Anzahl von Personen geben, die behaupten, sie seien nicht ausreichend informiert worden. Auch wenn es eine Schutzbehauptung sein sollte, der beste Teamcoach wird an diesem Phänomen wenig ändern. Das Ziel bei allen Teamcoaching-Tätigkeiten sollte sein, bei den Teammitgliedern Eigeninitiative und Selbstverantwortung zu entwickeln und zu nutzen.

Ziele vereinbaren: Alles beginnt mit Zielen und deren Vereinbarung.

Ein Kapitän, der sein Ziel nicht kennt, ist verdammt lang unterwegs!

Voraussetzung dazu ist eine Unternehmensstrategie mit eindeutig formulierten Zielen. Wenn die unternehmensweiten Ziele verabschiedet und bekannt gemacht worden sind, dann sollten daraus zügig die Teilziele für die Bereiche, Abteilungen oder Teams abgeleitet werden. Der Teamcoach ist dann dafür verantwortlich, dass zeitnah für jedes Teammitglied die individuellen Ziele heruntergebrochen werden.

Ziele werden vereinbart, damit man weiß, wohin man will. Denn: Wer nicht weiß, wohin er will, darf sich nicht wundern, wenn er ganz woanders ankommt.

Ziele sind Maßstäbe, an denen Ergebnisse gemessen werden.

Daher gilt:

- Keine Kontrolle ohne Zielvereinbarung, aber auch keine Zielvereinbarung ohne Kontrolle.
- **Zielvorgabe** entspricht der Durchsetzung von Macht, ist Vorschrift, Befehl, Druck, Zwang. Was daraus folgt, sind schlechte Ergebnisse.
- **Zielvereinbarung** führt zur Gemeinsamkeit der Ziele, zur Integration der Ziele von Mitarbeitern und Unternehmen und dadurch zur Zielidentifikation.

Fredmund Malik betont in seinem Buch „Führen, Leisten, Leben" (2000, S. 174 ff.), wie wichtig es ist, *dass Sie für Ziele sorgen,* auch wenn dies – wie leider noch sehr häufig – von oben geschieht. Die Zielvereinbarung beruht auf der Führungsmethode *Management by Objectives* nach Peter Drucker.

Grundsätze des Management by Objectives sind:

- Ziel- statt Verfahrensorientierung für Vorgesetzte und Mitarbeiter
- Regelmäßige Zielüberprüfung und Zielanpassung
- Beteiligung der Mitarbeiter an der Zielbildung
- Selbstständige Arbeitsdurchführung der Mitarbeiter
- Leistungskontrolle und -beurteilung durch Soll-Ist-Vergleich

Der Einsatz des Management by Objectives im Teamcoaching bedingt mehrere Schritte:

1. Schritt: Zielvereinbarung

Teamcoach und Teammitglied vereinbaren Zielvorgaben im Rahmen der Unternehmensplanung.

2. Schritt: Zielanstrebung

Dem Teammitglied bleibt die Wahl der Instrumente und Mittel zur Zielerreichung überlassen.

3. Schritt: Zielerreichungskontrolle

Mithilfe von Ziel-Ergebnis-Vergleichen wird die Leistung des Teammitglieds beurteilt. Aufgaben des Teamcoachs sind dann die Koordination der Durchsetzung von Zielen und die Vermittlung des hohen Stellenwerts der Zielerreichung.

Wie muss ein Ziel formuliert sein?

Ein gut formuliertes Ziel ist **SMART:**

S = **s**pezifisch

M = **m**essbar

A = **a**ktiv erreichbar

R = **r**ealistisch

T = **t**erminiert

Worauf ist zu achten?

1. Schwierige, aber noch machbare Ziele
2. Identifizierung mit den vereinbarten Zielen
3. Klären und Zur-Verfügung-Stellung aller notwendigen Ressourcen
4. Regelmäßige Rückmeldungen/Kontrollen

Zielvereinbarungen sind nur *ein* Managementinstrument. Sie ersetzen nicht alle anderen. Auch wenn die Ziele klar sind: Teamcoachs sollten sich regelmäßig mit ihren Mitarbeitern austauschen (siehe Kapitel 3.3 „Effektive Teammeetings“), über ihre Arbeit und ihre Leistung sprechen und ehrliche Rückmeldung geben.

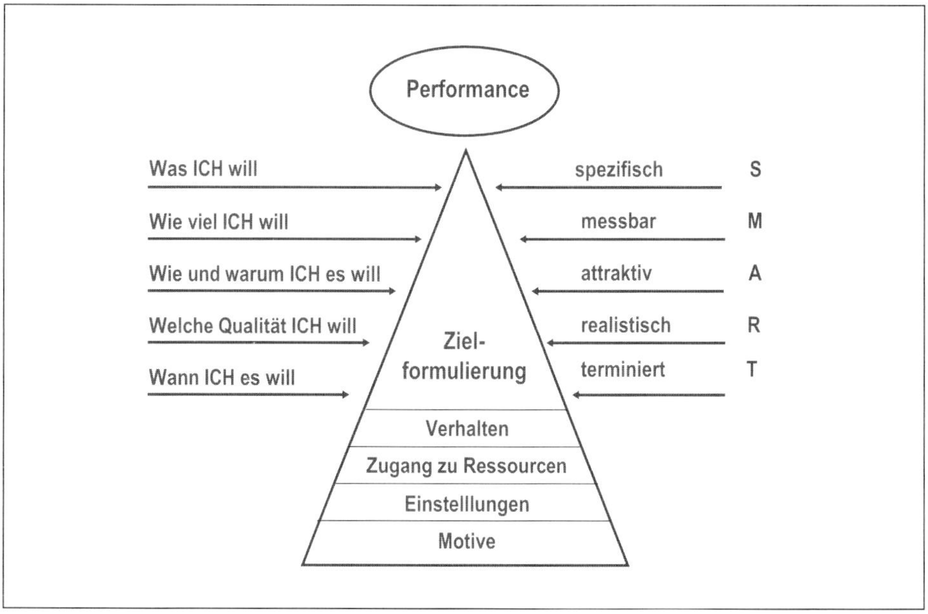

Abbildung 19: *Die Performancepyramide*

Nachdem alle Ziele heruntergebrochen und einvernehmlich verabschiedet wurden, sollten die organisatorischen Prozesse und Abläufe optimiert und die notwendigen Ressourcen zur Verfügung gestellt werden. Ziele zu vereinbaren, ohne die Ressourcen zur Zielerreichung zur Verfügung zu stellen, könnte man auch „Mobbing von oben" nennen. Verdeutlichen Sie, welchen Beitrag der Einzelne zum Ganzen leistet. Eine der besten Formen von Motivation ist es, wenn Sie Ihren Teammitgliedern vermitteln, was das übergeordnete Ziel ist und wie jeder Einzelne zum Erreichen dieses Zieles beitragen kann. Zum Beispiel dadurch, dass er seine Aufgaben gut löst. Legen Sie gegenüber Ihren Mitarbeitern offen, warum die Ziele so sind und nicht anders, und warum Sie so führen und nicht anders.

Delegieren: Teamcoachs sollten sich bewusst machen, dass die Führungs- und Coachingaufgaben ihren Erfolg ausmachen, nicht die Fachaufgaben. Darauf hinzuweisen ist notwendig, da viele Teamcoachs immer noch glauben, ihren Teammitgliedern beweisen zu müssen, dass sie die besseren Fachkräfte sind.

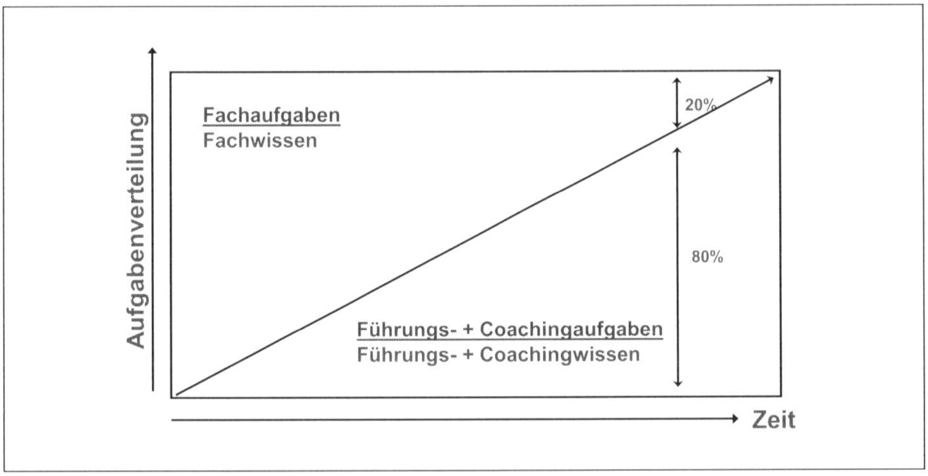

Abbildung 20: *Fachaufgaben versus Coachingaufgaben*

Gehören vielleicht auch Sie zu den „Machern", die am liebsten überall die Fäden ziehen oder in der Hand behalten und selten das Vertrauen haben, dass es auch ohne sie geht? Fühlen Sie sich oft überlastet, weil Sie so viel selbst entscheiden müssen? Und wie oft hat sich herausgestellt, dass die eine oder andere Aufgabe vielleicht doch besser bei Spezialist X aufgehoben gewesen wäre? Im Prinzip müssen Sie Ihre Glaubenssätze überprüfen und Ihren Teammitgliedern mehr (an-)vertrauen. Genau genommen sollten Sie in Zukunft nichts tun, was ein anderer nicht genauso gut oder sogar noch besser erledigen könnte. Lassen Sie los, delegieren Sie! Nur so schaffen Sie sich die nötigen Freiräume für die wirklich wichtigen Teamcoaching-Aufgaben.

Bei unseren Coachings mit Führungskräften und Teamcoachs treffen wir oft auf eine Reihe von Glaubenssätzen. Diese sind ein guter Anhaltspunkt dafür, ob dem zukünftigen Teamcoach der Übergang von der besten Fachkraft zum besten Teamcoach gelingen wird oder eher schwer wird.

Prüfen Sie selbst, wohin Sie mehr neigen.

Tabelle 4: Beste Fachkraft versus bester Teamcaoch

Themenbereich	Überzeugung Fachkraft	Überzeugung Teamcoach
Fachkompetenz	Ich kann alles selbst am besten.	Meine Teammitglieder sind bessere Fachkräfte als ich.
Komplexität	Es ist zu komplex. Bevor ich das alles erklärt habe, mache ich es doch besser gleich selber.	Ich habe zu wenig Zeit, um alles selber machen zu können.
Delegation	Das ist doch nur eine Kleinigkeit. Das habe ich schnell selbst gemacht.	Meine Zeit ist zu kostbar. Ich setze meine Zeit ein, um effektiver zu werden. Lieber delegiere ich.
Entscheiden	Ich muss alles selbst entscheiden, denn schließlich bin ich ja der Chef.	Ich muss nicht alles selbst entscheiden, denn wofür habe ich denn intelligente Teammitglieder?
Weiterentwicklung	Ich muss die beste Fachkraft sein. Meine fachliche Weiterentwicklung ist wichtig.	Ich muss der beste Teamcoach sein. Meine persönliche Weiterentwicklung ist wichtig, aber die Entwicklung meiner Mitarbeiter ist am wichtigsten.
Risiken	Risiken sollten möglichst vermieden werden.	Risiken sind Schritte auf dem Weg zum Erfolg. Es gibt keine Entscheidung ohne Restrisiko!
Berufung	Mein Beruf ist meine Berufung (fachlich).	Meine Berufung ist, andere zum Erfolg zu führen. Dann, und nur dann, werde auch ich Erfolg haben.
Komfortzone	Ich bin da am besten, wo ich mich am wohlsten fühle.	Der Erfolg und das Wachstum liegen dort, wo ich mich unwohl fühle. Es ist ein „Signal“, welches mir mitteilt, dass ich genau hier den nächsten Entwicklungsschritt einleiten sollte!

- Loben Sie vor dem ganzen Team jene Mitarbeiter, die eigene Entscheidungen getroffen haben, um andere zur Nachahmung zu ermuntern.
- Legen Sie Entscheidungsspielräume fest, innerhalb derer Ihre Mitarbeiter frei entscheiden können.
- Vermeiden Sie es, von Mitarbeitern getroffene Entscheidungen vor Dritten zu kritisieren.
- Wenn Sie Entscheidungen von Mitarbeitern korrigieren müssen, begründen Sie den Ausnahmecharakter.

Kontrollieren: Es ist nützlich, die notwendige Kontrolle von der „Reife" der Teammitglieder abhängig zu machen, denn erfahrene Teammitglieder erleben die Kontrolle sonst eher als Gängelung denn als Korrektiv. Der erfahrene Teamcoach sollte daher seine Wahrnehmung mehr darauf fokussieren, welche Unterstützung er als Teamcoach selbst beisteuern kann, damit das Teammitglied sein Ziel erreicht, und weniger darauf, welche Fehler das Teammitglied „mal wieder" gemacht hat. Die Erfahrung lehrt, dass sich durch dieses Verhalten als Teamcoach die Versagensängste Schritt für Schritt reduzieren lassen und der Boden für Lern- und Veränderungsprozesse bereitet wird. Greifen Sie wenig ein und wenn, dann aber an den richtigen Stellen und zum richtigen Zeitpunkt. Vermeiden Sie Extreme in jeder Richtung – der Erfolg liegt fast immer in Sichtweite der Mitte.

Mitarbeiter entwickeln und fördern: Die Geschicke eines Teams zu gestalten erfordert sehr häufig, die Mitarbeiter zu animieren, eingefahrene Wege zu verlassen und nach neuen, eigenen Möglichkeiten zu suchen. Schließlich wächst der Konkurrenzdruck, der dazu zwingt, Strategien und Leistungen immer wieder infrage zu stellen und neue, zukunftsweisende Lösungen zu erarbeiten. Flexibel auf aktuelle Anforderungen zu reagieren, wird sogar zu einer dauerhaften Herausforderung für das Team. Für innovative Ideen braucht man Teammitglieder, bei denen kreatives Denken gefördert und belohnt wird und die bereit sind, ihre individuellen Potenziale einzubringen.

Informieren und Kommunizieren: Teamcoachs, die sich auf diese Kernaufgaben fokussieren, lösen die wirklich wichtigen Aufgaben besser, arbeiten effektiver und sind persönlich auch zufriedener. Teammitglieder können in die Verantwortung genommen werden, indem man ihren Kompetenzspielraum erweitert. Teamcoaching bedeutet hier, die Rahmenbedingungen vorzugeben, innerhalb derer jedes einzelne Teammitglied seine Stärken entwickeln kann. Das kreative Problemlösungspotenzial der Mitarbeiter entfaltet sich dann von alleine und die Motivation steigt.

Im Umgang mit Teammitgliedern gilt es, flexibel und sensibel zu handeln. Mit dem entsprechenden Gespür (Empathie) und einem gerüttelt Maß an Teamcoaching-Erfahrung ist zu erkennen, welches Teammitglied nur mit einer eher deutlichen Ansage zu erreichen ist und welches durch eine solche stramme Ansage in die innere Isolation getrieben wird, aus der es nur schwer wieder herauszuholen ist. Aufrichtigkeit, Offenheit und Klarheit, gepaart mit Empathie für das Teammitglied und für die Situation sind wertvolle Eigenschaften eines guten Teamcoachs.

Alle oben erwähnten klassischen Managementaufgaben ersparen nicht die vitale Aufgabe eines Teamcoachs, durch das Team zu „gehen", die einzelnen Teammitglieder dabei wahrzunehmen und zu erkennen, wer was besonders gut macht. Welche Stärken zeigt jeder Einzelne, welche Schwächen versucht er zu verbergen? Es geht also darum, das Mitarbeiter-Know-how zu identifizieren und dem Teammitglied selbst, dem Team und damit dem Unternehmen verfügbar zu machen.

Teamcoachs und Teammitglied sollten dann in einem individuellen Coachinggespräch gemeinsam überlegen, wie der Coachee mit seinen Stärken das Team noch mehr unterstützen und bereichern kann, und auch, welche weiteren Qualifizierungsschritte noch notwendig sind, um erkannte Lücken zu schließen. Im Kern geht es nicht um die gemachten Fehler, sondern darum, wie der Teamcoach mit diesen Fehlern umgeht, wie er diese anspricht und wie er sein Teammitglied/den Coachee darin unterstützt, diese Fehler zu beheben.

Wie Teamcoaching gelingt: Die 10 Gebote

1. Seien Sie ein klares Vorbild bei allen Aktionen als Teamcoach

Taten sagen mehr als Worte. Was Sie tun, wird viel mehr in Erinnerung bleiben als das, was Sie sagen. Das authentische Handeln von Teamcoachs ist entscheidend dafür, dass die Teammitglieder ein Vertrauen entwickeln können. Ein berechenbares, konsequentes Handeln und charakterliche Integrität sind daher wirksamer und erfolgreicher als nur Worte. Entsteht auf diese Weise ein wechselseitiges Vertrauen, so tolerieren die Teammitglieder auch Fehler des Teamcoachs. Das ist wichtig, da Fehler immer wieder passieren.

2. Handeln Sie als enthusiastischer Teamspieler

Um in der obersten Liga wettbewerbsfähig zu sein, brauchen Sie ein geeintes Team, das sich auch als Team versteht. Es gibt genügend Beispiele aus dem Sport, wo die Ansammlung vieler (teurer) individueller Künstler nicht der Garant für Erfolg ist. Die Mitglieder Ihres Teams werden beurteilt, befördert und entlohnt auf der Basis ihrer Anstrengungen und Spielweise im Team. Nutzen Sie die Stärken Ihrer Mitspieler. Die Stärken von Mitspielern mit ihren Aufgaben in Einklang zu bringen, ist wichtiger, als deren Schwächen zu beheben. Richten Sie Ihren Fokus daher auf die individuellen Stärken.

3. Leiten Sie Ihr Team im Rahmen von Prozessen (Abläufen)

Definieren Sie Prozesse, weisen Sie die Arbeit an diesen den Teammitgliedern zu und kommunizieren Sie die erzielten Ergebnisse und Antworten. Aufgrund des Wachstums wird die Prozessorientierung notwendig. Ihre Teammitglieder, die „Prozess-Chefs“, definieren ihn, legen fest, wann und wie Entscheidungen getroffen werden und bestimmen darüber, wann andere zur Entscheidungsfindung beitragen können. Diese Vorgehensweise schafft für jede wichtige Entscheidung im Team (im Unternehmen) einen Eigner, der verantwortlich dafür ist, dass die Entscheidung getroffen wird.

4. Delegieren Sie das Treffen von Entscheidungen

Teamcoachs müssen fähig sein, Entscheidungen auf die unterste kompetente und fähigste Ebene zu verlagern. Sagen Sie den Teammitgliedern, was der Zielpunkt ist, den Weg dorthin werden sie selbst finden. Stellen Sie sicher, dass Entscheidungen, für die Sie verantwortlich sind, auch getroffen werden; Einvernehmlichkeit ist nicht immer möglich. Streben Sie eine möglichst breite Beteiligung bei der Entscheidungsfindung an, aber stellen Sie sicher, dass entschieden wird. Je mehr Personen zugestimmt haben, umso sicherer ist die Umsetzung. Es wird Minderheiten/Andersdenkende geben, auf die Sie besonders nach der Entscheidung achten sollten. Diese sind oft die Keimzelle von Entscheidungsboykott oder auch Sabotage. Alle anderen tragen ja die Entscheidung mit und benötigen nicht diese Aufmerksamkeit.

5. Tragen Sie die Entscheidungen anderer mit

Wenn Sie Entscheidungen, denen Sie nicht zustimmen, nicht unterstützen können, werden Sie nicht erfolgreich sein.

6. Nutzen Sie Teammeetings

Teammeetings sind *das* Instrument, um vorbildhaftes Verhalten, Professionalität und Coachingkompetenz zu zeigen. Jeder Teamcoach sollte etwa zweimal pro Monat ein Teammeeting mit seinem Team planen (besser einmal wöchentlich). Meetings sollten dazu dienen herauszufinden, wie die verschiedenen Prozesse arbeiten, und Probleme der Vorgehensweise adressieren. Planen Sie maximal zwei Stunden und auch Zeit ein für das „Unplanbare", es passiert mit Sicherheit. Und, wenn die Zeit abgelaufen ist, ist sie abgelaufen!!! Die meisten Ihrer Teammitglieder, Sie auch, haben Anschlusstermine und wollen dort ebenfalls pünktlich sein. Wichtig: Konzentrieren Sie sich in den Teammeetings auf das Wesentliche: Konzentration ist der Schlüssel zum Ergebnis (vgl. Kapitel 7.2).

7. Beseitigen Sie die Ursachen von Problemen – nicht nur die Symptome

Versuchen Sie tatsächlich, sich in Ihrer Position als Teamcoach überflüssig zu machen. Da es Ihre Aufgabe ist, Probleme zu lösen, würde sich bei Beseitigung der Ursachen dieser Probleme Ihre augenblickliche Tätigkeit erübrigen. Sie wären frei für größere und interessantere Herausforderungen, die zu Ihrem persönlichen Wachstum und dem des Unternehmens beitragen können.

8. Schreiben Sie Wichtiges auf

Sie verstärken die Auswirkungen Ihrer Bemühungen innerhalb des Unternehmens, wenn Sie Dinge aufschreiben und anderen – vertikal und horizontal – zur Verfügung stellen. Derart wird Bürokratie verringert, die Kommunikation verbessert und übereinstimmende Durchführung gesichert. Es ist ein Beitrag zur kontinuierlichen Verbesserung (KVP).

9. Loben Sie herausragende Leistungen

Zeigen Sie Ihre Wertschätzung. Orientieren Sie sich dabei an den Resultaten. Beurteilen Sie das Ergebnis Ihrer Teammitglieder, nicht deren Input in Form von Fleiß oder Zeitaufwand. Denn je effektiver jemand arbeitet, desto größere Aufgaben bewältigt er. Loben Sie, es kostet nichts, und feiern Sie die Erfolge des Teams. **„Wer nicht genießen kann, wird ungenießbar!"**

10. Bewahren Sie professionelle Diskretion

Dieser Punkt umfasst persönliche Angelegenheiten Ihrer Teammitglieder, vertrauliche Kundeninformationen, finanzielle Informationen, neue Produktinformationen usw. Mangelnde Verschwiegenheit kann dem Einzelnen oder auch dem Unternehmen schwer schaden. Wenn Sie jemand nach Gerüchten fragt, verleugnen Sie nicht, dass Sie Gerüchte kennen, aber machen Sie ebenso klar, dass Sie es für kontraproduktiv halten, sich darüber auszutauschen.

3.3 Instrumentenkoffer für den Teamcoach

Ein wirklich reichhaltiger Pool an Werkzeugen bzw. Instrumenten für Teamcoachs wurde in den letzten Jahren gefüllt, um Teamwork und Teamcoaching noch erfolgreicher zu gestalten (siehe dazu auch das Literaturverzeichnis).

Unsere Überzeugung als Berater und Coach für Führungskräfte ist, dass wir einem Teamcoach keines seiner liebgewordenen Instrumente oder Werkzeuge aus seinem Instrumentenkoffer nehmen wollen. Er kann sie alle behalten und sogar weiter benutzen. Selbst wenn die im Koffer befindlichen Instrumente verbesserungsfähig sind, es ist dennoch besser, als völlig ohne Instrumente dazustehen oder teure und wertvolle Instrumente zu besitzen und sie nicht zu beherrschen.

Unser Bestreben ist, Ihren persönlichen Instrumentenkoffer so aufzufüllen, dass Sie diese Instrumente nicht nur besitzen, sondern sie auch in der Praxis benutzen und beherrschen. Beim nächsten *Ereignis* sind Sie dann in der Lage, das bestgeeignete Instrument für diese Situation aus einer Vielzahl von Instrumenten auszuwählen und anzuwenden. Je häufiger Sie das Instrument benutzen, umso professioneller und geübter werden Sie es verwenden. Viele der im Folgenden vorgestellten Coaching-Instrumente werden durch ihren Gebrauch veredelt. Dann könnte man Sie „reich“ nennen, reich an Alternativen, Verhalten, Verfahren, Werkzeugen und Methoden, oder einfach nur *Profi* nennen.

Wer als Werkzeug nur den Hammer kennt, für den ist jedes Problem ein Nagel!

Erarbeitung einer gemeinsamen Vision

Visionen bewegen, wenn sie ein Zielbild darstellen, für das es sich lohnt zu arbeiten, Entwicklungen anzustoßen und umzusetzen. Das Bild, welches ein Team von sich selbst hat, drückt dessen angestrebte Qualität aus. Es ist sozusagen der *rote Faden* für die Entwicklungsrichtung des Teams. Mit der Vision legt das Team das Anspruchsniveau fest, auf das es sich verpflichtet. Zu Beginn eines Teambildungsprozesses ist es hilfreich, wenn vom Teamcoach die Arbeit an einem „Zielbild/Zukunftsbild“ initiiert wird. Dieses Zielbild sollte die Grundannahmen, unbewussten Anschauungen, Wahrnehmungen, Gefühle, Wertvorstellungen und Ziele der Teammitglieder zu einem Ganzen zusammenfügen.

Eine am klaren Zielbild ausgerichtete Vorgehensweise sollte flexibel und befristet sein und unmittelbar an laufende Managementmaßnahmen gekoppelt sein. In diesem „Zielbild“-Prozess wird ein mit Kennzahlen und Zielen unterlegtes Zukunftsbild entworfen, welches die Teammitglieder über definierte Aufgaben und Projekte erreichen sollen. Eine umfassende Transparenz über Maßnahmen und den Stand der Zielerreichung sorgt für die notwendige Transparenz im Team. Dieses Zielbild gibt den „Klebstoff“, der ein Team auch in schwierigen

Zeiten zusammenhält. Als Anregung und Orientierung kann der Fahrplan in Kapitel 7.2 verwendet werden.

Der Hauptunterschied zwischen einem Team und einer Gruppe ist, das ein Team eine Vision bzw. eine Aufgabe hat, die es gemeinsam erledigen soll, was bei einer Gruppe aber nicht zwangsläufig der Fall ist. Über diese Aufgabe wird das Team definiert. Beispiele sind: Eine Fußballmannschaft versucht, den Pokal zu gewinnen oder den Abstieg zu verhindern. Ein Team aus Forschung & Entwicklung entwickelt ein neues Produkt. Ein Marketing-Team entwickelt eine neue Marketingstrategie, ein Vertriebsteam entwickelt eine neue Verkaufsstrategie, um den Markt noch intensiver zu durchdringen, oder ein Team für Prozessoptimierung ist beauftragt, die Prozesse im Unternehmen zu durchleuchten und Vorschläge zur Optimierung zu unterbreiten.

Ein Team ist umso erfolgreicher, je besser es seine Aufgabe erledigt und sein Zielbild verwirklicht.

✐ Übung: Teamvision

Notieren Sie:

1. Wenn Sie an die Zukunft Ihres Teams denken, welche positiven Erlebnisse und Wünsche haben Sie vor Augen? Welches innere Bild entsteht?
2. Tauschen Sie Ihre Erlebnisse in Dreiergruppen abwechselnd aus.
3. Kreieren Sie im Dreier-Team aus den Erlebnissen und Wünschen eine gemeinsame Vision hinsichtlich Ihres Vorhabens.
4. Bewerten Sie Ihre Vision von 1 bis 10: 1 bedeutet „sehr schlecht“ und 10 bedeutet „so hervorragend, dass ich es für nichts mehr ändern würde und möchte“.
5. Wenn Sie Ihre Vision mit weniger als 9 bewerten, dann überarbeiten Sie sie solange, bis sie mindestens eine 9 erhält.
6. Präsentieren Sie die Vision den anderen Teammitgliedern und umgekehrt.
7. Entscheiden Sie sich für eine gemeinsame Vision und verhandeln Sie mit den anderen über Unterschiede und gemeinsame Ziele.
8. Treffen Sie ein Commitment zu Ihrer gemeinsamen Teamvision!

danach:

Übung: Mission

1. Formulieren Sie jeder für sich Ihre Teamaufgabe (Mission):
   Wozu existiert Ihr Team? Welchen Zweck soll es erfüllen? Bitte klar, knapp und konkret formulieren.
2. Finden Sie sich zu dritt zusammen und formulieren Sie Ihre gemeinsame Teamaufgabe.
3. Präsentieren Sie Ihre Ergebnisse.
4. Treffen Sie Commitments zu Ihrer gemeinsamen Teamaufgabe!

Generell gilt es, folgende Reihenfolge einzuhalten:

1. Teamvision – 2. Teammission – 3. Teamziele – 4. Teamstrategie

> **Mission follows Vision, alles andere kommt danach!**

Tabelle 5: Von der Vision zur Strategie

Beispiel	**IT-Helpdesk-Team**
Teamvision	Wir arbeiten als Helpdesk so effektiv und effizient, dass wir als Spin-off auch anderen Unternehmen Helpdesk-Service-Dienstleistungen anbieten.
Teammission	Wir lösen alle IT-Probleme unserer Kollegen in anderen Abteilungen.
Teamziele	▪ Wir geben über jedes gemeldete Problem mindestens 1x täglich Rückmeldung, bis das Problem gelöst wurde. ▪ Wir lösen 95 % aller technischen Probleme innerhalb von maximal 72 h. ▪ Anrufer müssen nie länger als drei Klingelsequenzen warten, bis sich ein Helpdesk-Mitarbeiter meldet.
Teamstrategie	▪ Es wird eine Softwarelösung zur Verwaltung aller Probleme über „Tickets" implementiert. ▪ Es wird eine Datenbank vergangener Probleme und Lösungen geführt, um bei wiederkehrenden und ähnlichen Problemen schneller Lösungen anbieten zu können. ▪ Alle Helpdesk-Mitarbeiter erhalten Mobiltelefone.

Quelle: www.soft-skills.com/sozialkompetenz/teamfaehigkeit/vision/ziele.php

Teamregeln und organisatorische Instrumente

In den letzten Jahren gab es mehrere Studien darüber, was wohl die größten Herausforderungen einer Führungskraft in den berühmten ersten 100 Tagen sind. Das Ergebnis ist eine interessante Reihenfolge der am meisten genannten Herausforderungen:

1. Spielregeln vereinbaren
2. Konfliktsituationen und kritische Gesprächssituationen meistern
3. Mitarbeiter motivieren, die innerlich gekündigt haben
4. Erfolgreich delegieren können

Für diese Herausforderungen wurden „Patentrezepte" gesucht. Wir werden zunächst auf die Herausforderung Nr. 1 – Spielregeln vereinbaren – eingehen und Ihnen empfehlen, als guter Teamcoach diese gleich als eine der ersten Maßnahmen – nach „Amtsantritt" – gemeinsam mit Ihrem neuen Team zu vereinbaren. Ob Sie erst ein Zielbild erstellen oder erst die Teamregeln vereinbaren, überlassen wir gerne Ihnen.

Dazu empfiehlt sich folgende Übung, die Sie einfach an das Flipchart schreiben können:

Welche Spielregeln bezüglich ...

- Kommunikation,
- Information,
- Umgang miteinander,
- Abstimmungen/Koordination/Meetings,
- Eskalationsstufen,
- Was fehlt noch?,

... wollen wir uns geben?

Dies ist deshalb so wichtig, weil Spielregeln für das Team Halt und Orientierung bedeuten und eine „Gleichbehandlung" aller sicherstellen. Das Team wird dann – neben Ihnen – schon dafür sorgen, dass die gemeinsam vereinbarten Regeln auch eingehalten werden. Die scheinbar nebensächliche Frage „Was fehlt noch?" ist deshalb für Sie so bedeutsam, weil sie Ihnen den Druck nimmt, an alles denken zu müssen, von dem Sie glauben, dass es wichtig sein könnte. Das Team kann jetzt bei der Beantwortung dieser Frage einbringen, was aus seiner Sicht noch geregelt werden sollte.

Auch das Aufstellen von Spielregeln ist ein Prozess, der das Team zu Themen führt, die im täglichen Arbeitsalltag nicht angesprochen werden. Ähnlich einer Vision zählt auch hier: Der Weg ist das Ziel. Darüber hinausgehend haben einfach formulierte und akzeptierte Spielregeln für den täglichen Arbeitsablauf einen hohen Praxisnutzen, wenn sie eingehalten werden. Daher ist wichtig, dass, nachdem die Regeln besprochen und als allgemein verbindlich verabschiedet wurden, alle – auch Sie – sich an diese Regeln halten. Bei Regelverstoß gibt es Sanktionen, die Sie auch gleich besprechen und verabschieden können.

Neben den oben genannten Regeln zu Themen wie Informationsaustausch und Kommunikation untereinander oder zu angrenzenden Teams und übergeordneten Führungskräften, brauchen Teams auch technische und organisatorische Instrumente, die Sie zu Beginn Ihrer Zusammenarbeit mit dem Team besprechen und vereinbaren sollten (vgl. Kapitel 7.1 und 7.2). Das können sein:

- Beschreibung, welche Aufgaben, Ziele, Befugnisse und Verantwortung jedes einzelne Teammitglied hat (als Basis dient die Stellenbeschreibung; siehe dazu auch die oben erwähnte „Zielvereinbarung“ und „Delegation“).
- Beschreibung der Arbeits-Prozesse (als Basis können die Unterlagen einer evtl. durchgeführten ISO-Zertifizierung dienen).
- Daten und Informationen, die für die Planung und Steuerung der Arbeits-Prozesse notwendig sind.
- Instrumente, um Absprachen und Ergebnisse festzuhalten (Protokolle, Reports etc.).

Instrumente, um die Leistungen der Teammitglieder messen und beurteilen zu können.

Selbstbild versus Fremdbild: Feedback

Eigentlich bin ich ganz anders, nur komme ich so selten dazu!

Selbsterkenntnis ist der beste Weg zur Besserung, sagt ein altes Sprichwort. Daher ist es hilfreich, wenn man sich selbst weiterentwickeln möchte, sich folgende Fragen zu stellen und auch zu beantworten.

Meine Selbst(er)kenntnis als Teamcoach:

- Was sind meine Ansprüche an mich und an andere?
- Was sind meine inneren Antreiber?
- Wie sind mein Selbstverständnis und meine innere Haltung als Teamcoach?
- Was kann ich und was kann ich nicht?
- Wie kann ich mein eigenes Profil schärfen?
- Wie ist meine eigene Arbeitsweise?
- Was sind meine eigenen Entwicklungs- und Lernziele?
- Wie sehen meine eigenen Strategien im Umgang mit Unsicherheiten aus?
- Was hat sich bisher als hilfreich erwiesen, um schwierige Situationen zu bewältigen?

Die Antworten auf diese Fragen und Ihr persönlicher Erfahrungsschatz vermögen wichtigere Impulse zu geben als jede noch so gute Theorie.

Es ist eine bekannte Weisheit, dass man sich selbst zunächst kennen und führen können sollte, bevor man andere führen kann. Wichtig ist dabei zu beachten, dass das, was für einen selbst gilt, nicht per se auch für andere Gültigkeit haben muss.

Eine wertvolle Quelle, um zu erfahren, wie ich auf andere wirke, ist *Feedback*. Feedback ist die Information darüber, wie jemand auf andere wirkt. Durch Feedback teilen mir andere Menschen mit, wie meine Verhaltensweisen von ihnen wahrgenommen, verstanden und erlebt werden.

Natürlich habe ich selbst auch eine Meinung dazu. Wenn ich mich, mein Verhalten, meine Einstellungen und Gefühle beschreibe, dann drücke ich damit mein Selbstbild aus: so, wie ich mich selbst sehe. Diese Beschreibung ist subjektiv richtig.

Ihre Teammitglieder, Kollegen und Vorgesetzten haben ebenfalls ein Bild von Ihnen. Ganz gleich, wie weit sich dieses Fremdbild von Ihrem Selbstbild unterscheidet – es ist ebenfalls Realität und subjektiv genauso richtig.

Oft machen wir uns ganz falsche Vorstellungen davon, wie wir auf andere wirken. Solange ich annehme, dass Selbst- und Fremdbild übereinstimmen, werde ich weder mein Verhalten überprüfen und ändern, noch sonst eine Gelegenheit wahrnehmen, die Einstellung des anderen zu mir zu korrigieren. Erst wenn ich erfahre, wie der andere mich wirklich sieht, ist eine Annäherung möglich.

Halten wir fest: Wenn Selbstbild und Fremdbild weit auseinander liegen, also nur eine geringe gemeinsame „Schnittmenge" besteht, dann leidet darunter die Kommunikation.

(von Troschke/Haas, 2009, S. 36).

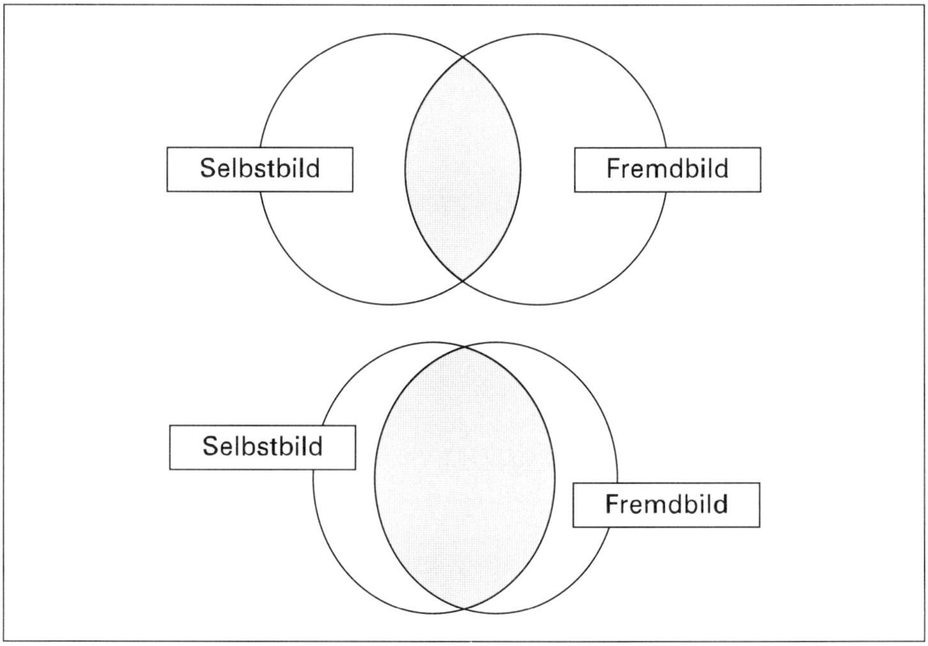

Quelle: von Troschke/Haas, 2009, S. 36
Abbildung 21: *Große Schnittmenge – Basis konfliktfreier Kommunikation*

Im Idealfall sind Selbstbild und Fremdbild fast deckungsgleich, doch den findet man selten in der Realität vor.

Beim Feedback, das ich erhalte, kann ich mich fragen, ob die Wirkung, die ich erzielt habe, erwünscht ist oder nicht. War sie es nicht, so bleibt immer noch meine eigenverantwortliche Entscheidung, ob ich die Abweichung hinnehmen oder mein Verhalten ändern möchte.

Erst wenn ich innerlich bereit bin, mein Verhalten infrage zu stellen, um Neues zu lernen, werden für beide Seiten gewinnbringende Feedbacksituationen möglich.

Feedback bedeutet genau übersetzt „zurück füttern". Im Normalfall sind wir „hungrig" auf Rückmeldung, gibt sie uns doch die Chance, uns zu verändern, an uns „zu arbeiten". Dabei kann manches wie leckere Pralinen schmecken, aber auch die eine oder andere bittere Pille dabei sein.

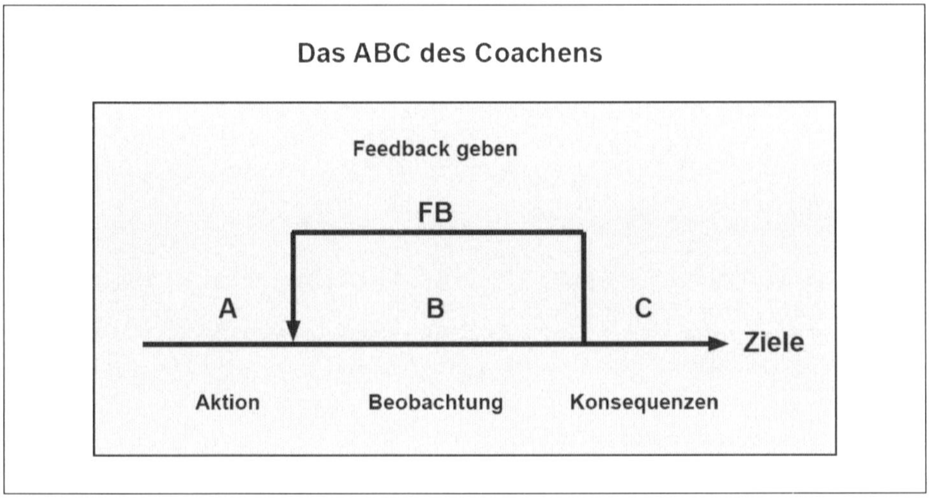

Abbildung 22: *Teamcoaching-Regelkreis*

Wirkung von Feedback:

Wichtig ist, dass Feedback ausgewogen ist und Sie nicht die Persönlichkeit bewerten, so z. B.:

Teamcoach: „Sie sind viel zu schüchtern, so werden Sie nie ein guter Verhandlungsführer."

Bewerten Sie das Verhalten und seine Wirkung auf Sie, wie z. B.:

Teamcoach: „Sie haben dem Gesprächspartner selten in die Augen geschaut, das wirkte auf mich, als ob Sie Angst vor ihm hätten."

Ein anderer Beobachter könnte vielleicht aus derselben Wahrnehmung, fehlender Blickkontakt, schließen: „Das wirkte auf mich, als ob Sie kein Interesse an ihm hätten." Feedback ist deshalb so wertvoll, weil man etwas über seine subjektive Wirkung auf andere erfährt. Es ist die Rückkopplungsschleife zu unserer Umwelt.

Der Kybernetiker Norbert Wiener sagte einmal: „Ich weiß erst dann, was ich gesagt habe, wenn ich gehört habe, was beim anderen angekommen ist."

Feedback basiert auf zwei Aspekten:

1. Welches Verhalten nehme ich wahr? (Was sehe und was höre ich?)

2. Welche Wirkung hat dieses Verhalten bei mir?

Damit Feedback „sättigend", also wertschätzend, wachstumsfördernd und den Partner bereichernd geschieht, haben sich folgende Regeln bewährt:

Regeln für den Feedbackgeber	**Regeln für den Feedbacknehmer**
▪ Beobachtet ▪ Beschreibt die 2 Ws: Wahrnehmung und Wirkung ▪ Empfiehlt ⇒ !	▪ Hört zu ▪ Kann sich Notizen machen ▪ Kann sparsam nachfragen bzw. Verständnisfragen stellen
Wie sollte Feedback sein: ▪ Konkret, zeitnah, direkt, offen, ehrlich ▪ KISS-Prinzip: Keep It Short & Simple ▪ Ich-Form: ▪ nicht: man, er, sie ▪ Konstruktiv mit Tipps ▪ Subjektiv: – „ich finde ..." – „ich hätte mir gewünscht ..." – „mir ist aufgefallen ...	▪ Rechtfertigt sich nicht ▪ Entscheidet darüber, was er annimmt und was nicht ▪ Entscheidet darüber, was er ändern will und was nicht ▪ Achtet auf seine Aufnahmefähigkeit und sagt rechtzeitig: STOP!

Damit wird deutlich, dass beim Feedback, das Sie wertschätzend und entwicklungsfördernd dem Teammitglied/Coachee geben, es immer beim Coachee liegt, ob er das Feedback annimmt und sein Verhalten daraufhin modifiziert. Es bleibt immer noch seine selbstverantwortliche Entscheidung, ob er die Abweichungen zwischen Selbstbild und Fremdbild akzeptieren und sein Verhalten daraufhin ändern möchte.

Vom Feedbackgeber zum Fragenprofi

Feedback dient als Basis für Coaching. Aber Coaching ist mehr als eine Rückmeldung in Form eines Monologs.

Coaching ist *Dialog* statt Monolog:

- Der Teamcoach steuert das Gespräch durch Fragen, Fragen, Fragen.
- Er arbeitet mit dem Coachee an ganz konkreten Zielen und Situationen.
- Er lässt den Coachee Lösungen entwickeln und gibt keine vor.
- Er behält den roten Faden des Gesprächs.

Im Folgenden einige Beispiele darüber, wie man Feststellungen in Feedback-Form, in Fragen für das Coaching modifizieren sollte:

Feedback-Aussagen	Coaching-Fragen
Mir ist aufgefallen ...	Was ist Ihnen aufgefallen?
Gut fand ich ...	Was ist Ihre Meinung über ...?
Mein Tipp ist ...	Was könnten Sie statt ... tun?
Versuchen Sie mal ...	Welche Alternativen kennen Sie noch?
Der Kollege sagte ...	Was wissen Sie noch, was der Kollege an dieser Stelle sagte?

Wenn Sie Feedback wie in der Spalte oben links geben, laufen Sie Gefahr, dass ...

- Sie Ihr Feedback überhöhen – denn Sie sind der Coach und gleichzeitig Vorgesetzter! Also mag Ihnen Ihre Wahrnehmung doch ein wenig „richtiger“ als die Ihres Mitarbeiters erscheinen.
- der einseitige Monolog ermüdend wirkt, Ihr Coachee innerlich abschaltet und seinen eigenen Gedanken nachhängt.
- der Coachee verurteilt ist, nur zuzuhören, und seine eigene Sichtweise nicht einbringen kann.
- Sie mehr interpretieren und bewerten, statt sich auf das Beschreiben von Wahrnehmung und subjektiver Wirkung zu beschränken.
- Sie nicht wissen, was der Coachee davon annimmt und was nicht.
- Sie auch nicht ahnen, ob der Coachee etwas ändern will und wie.
- der Coachee künftig mit einer Konsumentenhaltung ins Coachinggespräch gehen wird.

Um Missverständnissen vorzubeugen: Feedback ist eine wunderbare Möglichkeit, mehr über sich und seine Wirkungsweise zu erfahren. Doch leider wird es im Führungsalltag viel zu selten praktiziert, weshalb es einen zu Recht hohen Stellenwert im Teamcoaching hat und haben sollte. Seine Regeln sind sinnvoll, denn unangenehmes Feedback wird gerne verharmlost, ausdiskutiert und damit „verwässert“, es verliert seine Wirkung im Prozess der Verbalisierung.

Welchen Nutzen haben Sie als Teamcoach, wenn Sie Fragen stellen?

- Sie haben eine partnerschaftliche Gesprächssituation, in der beide Teilnehmer aktiv sind.
- Sie führen durch Fragen, der Coachee „arbeitet“.
- Der Coachee analysiert, rekapituliert, entwickelt Lösungen – mit Ihrer Hilfe.
- Der Coachee denkt mit und gewinnt seine eigenen Aha-Erlebnisse.
- Der Coachee entwickelt konkrete Schritte für die nächsten Aufgaben.

- Der Coachee übernimmt Verantwortung.
- Der Coachee wird wesentlich mehr hinter den (eigenen) Ergebnissen stehen, weil sie von ihm erarbeitet wurden.
- Der Coachee wird die gewonnenen Erkenntnisse umsetzen!

Beispiel

Einem Teammitglied/Coachee wurde durch das Teamcoaching bewusst, dass er im Kollegengespräch immer wieder bestimmte Floskeln gebrauchte, wie „wie Sie ja sicherlich wissen ...“, „bestimmt kennen Sie schon ...“, die dem Kollegen das Gefühl gaben, er wäre dumm, wenn er es nicht wüsste. Als ihm der Teamcoach diese Formulierungen spiegelte und ihn fragte, wie es auf ihn wirkte, musste der Coachee unwillkürlich schmunzeln. Aus der Distanz betrachtet, konnte er die Wirkung nachvollziehen, strich diese Formulierungen künftig aus seinem Repertoire und hörte stattdessen besser zu.

Effektive Teammeetings – Team-Moderation

Teams sind lebende Organismen, die sensibel sind und nur bei guter Pflege Leistung erbringen. Ziel eines Teammeetings sollte sein, diese Pflege zu erbringen, das Team zusammenzuhalten, Informationen auszutauschen und die Diskussionen so zu führen, dass Entscheidungen gefällt und immer wieder konstruktive Lösungsansätze erarbeitet und verfolgt werden. Einige Teammitglieder nutzen Meetings gern zum informellen Austausch und als Stimmungsbarometer für Themen, die das Unternehmen bewegen.

Nutzen Sie die Teammeetings als Plattform, als Bühne. Sie sind eines der wirkungsvollsten Instrumente im Koffer eines Teamcoachs. Teammeetings sind schlicht das Instrument, um vorbildhaftes Verhalten, Professionalität und Prozesskompetenz zu zeigen. Sie sollten unbedingt pünktlich beginnen (auch wenn noch einige Teilnehmer fehlen) und pünktlich enden. Wenn Sie auf die Fehlenden warten, dann bestrafen Sie diejenigen, die pünktlich waren, und das sind mit Sicherheit die Falschen. Ohne eine verlässliche Uhrzeit, zu der das Meeting beginnt und endet, oder eben abgebrochen wird, ist keine Effektivität möglich. Sammeln Sie vorher per E-Mail die TOPs ein, denn wer bis zu einem definierten Stichtag nichts eingebracht hat, kann nachher nicht meckern, dass seine Punkte nicht besprochen wurden. Wenn Sie das von Anfang an durchhalten, dann hat diese Vorgehensweise eine „heilende“ und effektivitätssteigernde Funktion.

Der Teamcoach sollte nur dann eine Moderatoren-Rolle einnehmen, wenn eine Lösung schon vorhanden ist und diese nur noch optimiert werden muss. Wenn jedoch neue Ideen und ganz neue Wege gefragt sind, hält sich der Teamcoach besser zurück. Denn seine Meinung hat großes Gewicht, jede seiner Äußerungen wird bereits als Vorentscheidung gewertet und damit werden oft andere Ansätze unterdrückt (vgl. Kapitel 5.4).

Mögliche Ziele von Teammeetings zeigt folgende Tabelle:

Tabelle 6: Schwerpunkte eines Teammeetings

	Informieren
	Informationsaustausch
	Ideenfindung
	Problemlösung
	Entscheidungsfindung
	Umsetzung (Aktionsplan)

Effektive Teammeetings

Heutzutage rennen zahlreiche Teamcoachs häufig von einem Meeting zum nächsten, und man fragt sich, wann sie ihren eigentlichen Aufgaben nachgehen. Es existiert eine gewisse Meeting-Manie. Darauf angesprochen, beklagen viele diesen Zustand, denn es ist einerseits anstrengend, oft ermüdend und auch unbefriedigend, was Meetings bewirken. Andererseits haben Sie es in der Hand, Ihre Meetings vorbildhaft zu realisieren, hier zeigt sich, ob der Teamcoach Führungs-Kraft, sprich Prozesskompetenz, hat. In einem Meeting entwickelt sich oft die gleiche Teamdynamik im Kleinen (Mikrokosmos) wie bei einem Team im Großen (Makrokosmos), selbst die einzelnen Phasen sind ähnlich.

Nachfolgend ein paar Tipps für mehr Effektivität in und durch Teammeetings, und auf welche Meeting-Entwicklungsphasen Sie sich vorbereiten sollten:

In der Phase 1, der **Testphase**, suchen die Teilnehmer zunächst ihre eigene Rolle, möchten eine Orientierung haben und wirken gespannt und beobachtend. Hier ist es wichtig, ein Kennenlernen zu ermöglichen (sofern „teamfremde" Teilnehmer dabei sind), weitere Informationen zu geben und die Rahmenbedingungen zu klären.

In der darauffolgenden **Konflikt-Phase** kommt es zu unterschwelligen Auseinandersetzungen und Machtgerangel. Schnell bildet sich eine informelle Hackordnung im Team heraus und dominante Mitglieder bilden Fraktionen oder Cliquen. Hier gilt es, die auftretenden Auseinandersetzungen souverän zu moderieren und Konflikte als wichtige Klärungsprozesse willkommen zu heißen. Sie halten Ihre eigene Meinung zurück und kämpfen nicht gegen, sondern mit dem Team. Versuchen Sie nicht, als Teamcoach die angesprochenen Probleme selber zu lösen, sondern nutzen Sie das Potenzial des Teams, um den Prozess voranzubringen. Sammeln Sie zunächst alle wichtigen Aspekte (siehe unten), gewichten Sie die Themen, finden Sie Lösungswege und bewerten Sie dann die Lösungsalternativen, um daraus geeignete Maßnahmen abzuleiten.

In der **Organisations-Phase** werden die Rollen und Spielregeln geklärt und die Teilnehmer wissen, was sie voneinander zu erwarten haben, wer wofür steht und wie argumentiert.

In der dann folgenden **Arbeitsphase** hat sich das Team gefunden und kann beginnen, produktiv die Tagesordnungspunkte abzuarbeiten.

Bei jedem Teammeeting sollten Sie auf diese Phasen vorbereitet sein, insbesondere dann, wenn wieder teamfremde Personen anwesend sind. Im Laufe der Zeit wird sich das Team – wie im Makrokosmos – auch im Teammeeting gefunden haben, und die vier Phasen werden immer weniger intensiv durchlaufen. Im Idealfall können Sie gleich in der Arbeitsphase starten.

Für die effektive Realisierung von Teammeetings benötigen Sie:

1. Sorgfältige Vorbereitung
2. Gekonnte Durchführung
3. Motivierenden Abschluss

1. Sorgfältige Vorbereitung

- Eine sehr interessante und provokative Frage: Muss ich überhaupt dabei sein?
- Wenn nicht, wer kann mich vertreten? (Vertreterregelung!)
- Wenn ja, welche Infos brauche ich?
- Was ist mein Ziel bei diesem Meeting?
- Was kann ich tun, um es abzukürzen? Z. B.: vorbereitete PowerPoint-Präsentation von mir und den anderen oder alle Beteiligten vorher über TOPs informieren und um Vorbereitung bitten.

2. Gekonnte Durchführung

- Einstieg ins Meeting
- Kurz und knackig
- Spielregeln für das Meeting vereinbaren
- Z. B.: ausreden lassen, keine Killerphrasen,
- Nicht länger als zwei Minuten reden etc.
- Ziel und Zeitrahmen festlegen
- TOPs präsentieren (ggf. ergänzen)

Bei regelmäßigen Meetings:

In der Erstsitzung folgende Fragen klären:

- Wann wird jeweils eingeladen?
- Wie kommen die Tages-Ordnungs-Punkte (TOPs) zustande?
- In welchen Abständen finden die Teammeetings statt?
- Wer schreibt die Protokolle?
- Wie wird die Effektivität in den Sitzungen sichergestellt?
- TOPs nach Wichtigkeit und Dringlichkeit priorisieren

Setzen Sie einen Themenspeicher ein:

Halten Sie Thema, Zeit, Ziel und Ansprechpartner für einzelne TOPs und Themen in einer Tabelle fest, die Sie im Sitzungsraum aufhängen. Dieser Themenspeicher hilft Ihnen, während der Sitzung den roten Faden zu behalten. Werden Beiträge beigesteuert, die von der gegenwärtigen Diskussion wegführen, nehmen Sie diese einfach in den Speicher und greifen diese später auf.

Tabelle 7: Themenspeicher

Thema	Zeit	Name	Ziel
Messeplanung		Haas	Information
Neue Büroräume		Troschke	Entscheidung treffen
Projekt 0815		Fuhrmann	Lösungsansätze
Firmenwagen		Bussmann	Diskussion
Fachbuch		Färber	Brainstorming
Weitere Themen		tbd	1704

Der Teamcoach sollte darauf achten, dass keine Scheindiskussionen geführt oder Nebenkriegsschauplätze eröffnet werden. Frage: Hilft uns das für die Zielerreichung weiter? Sind wichtige Punkte von der Tagesordnung offen geblieben, dann werden diese ebenfalls im Themenspeicher festgehalten und bei der nächsten Besprechung bearbeitet.

Seien sie gnädig zu Ihren Teammitgliedern, aber gnadenlos mit der Zeit. Ist die geplante und kommunizierte Meetingzeit vorbei, dann ist sie vorbei!

Maßnahmen planen

To-Do-Liste am Flipchart oder über Beamer sichtbar für alle führen (wer macht was mit wem bis wann?)

Diese Liste sichert den Erfolg und die Umsetzung. Sie ist das Kernstück und wird beim nächsten Meeting zuerst abgearbeitet.

Tabelle 8: To-do-Liste

Wer?	Macht was?	Mit wem?	Bis wann?
Sven	Urlaubsplanung	Bernhard	Ende 01/11
Bettina	Webauftritt	Gerrit	15.08.
Sabine	Projektbeschreibung	Klaus	19. KW
Hubertus	FW-Bestellung		Ende Q1

3. Motivierender Abschluss

Holen Sie sich ein Feedback ein. Führen Sie eine anonyme Punktebewertung ein, bei der die Teammitglieder/Teilnehmer angeben, wie effektiv die Besprechungszeit genutzt wurde. Dieses Flipchart kann in der Kaffeeecke, im Gang oder im Frühstücksraum aufgehängt sein.

Sprechen Sie auch nach dem Meeting mit Teammitgliedern über die Qualität des Meetings und fragen Sie nach Möglichkeiten, es noch effektiver zu machen.

Ende: Dank, Appell, motivierender Ausblick, Verabschiedung!

Tipp: Durch die Zurückhaltung des Teamcoachs bei strittigen Themen (Machtvakuum) kann er erleben, dass das Vakuum durch das Team gefüllt wird und er Zeuge eines ehemals nicht vorstellbaren Lösungsprozesses durch das Team werden kann. Im Notfall kann er dann immer noch als Katalysator fungieren, sollte das Teammeeting trotz guter Vorbereitung schwierig verlaufen. Ein Muster einer vollständigen Teammoderation finden Sie in Kapitel 7.2.

3.4 Fettnäpfchen und Tipps für die Praxis

Politik der „offenen Tür"

Sollten Sie für Ihre Teammitglieder – trotz Politik der „offenen Tür" – nicht immer erreichbar sein, weil Sie sonst nicht zu Ihren strategischen Aufgaben kommen oder Sie noch weitere Verpflichtungen haben, dann haben sich regelmäßige Teammeetings oder eine verbindliche Sprechstunde bewährt, in der Teammitglieder zu Ihnen kommen können. Bestens dafür geeignet sind Ihre ohnehin geplanten individuellen Coachinggespräche.

Teamarbeit ist kein Wunschkonzert

Es gibt durchaus Mitarbeiter, die gerne einfache Arbeiten verrichten, bei denen Zuverlässigkeit und Effizienz viel eher gefragt sind als flexibles Denken und Lösungsfähigkeit. Andere Tätigkeiten im Team verlangen vor allem Selbstständigkeit, rasche Auffassungsgabe oder die Fähigkeit zur Problemanalyse. Analysieren Sie die Schlüsselstellen in Ihrem Team. Sitzen hier die richtigen Personen, die mitdenken? Sitzen an anderen Stellen jene Mitarbeiter, die genaue Vorgaben zuverlässig umsetzen können? Nutzen Sie vor allem Ihre Teamcoaching-Kenntnisse, wenn Sie wichtige Aufgaben delegieren. Beachten Sie die Mentalität und Präferenzen Ihrer Teammitglieder und gehen Sie – wenn möglich – nicht über deren Präferenzen und Neigungen hinweg, auch wenn Teamarbeit kein Wunschkonzert ist.

Als Teamcoach andere um Hilfe bitten

Viele Teamcoachs trauen sich nicht, andere um Hilfe zu bitten. Gerade als Teamcoach befürchten sie, als unqualifiziert oder dumm dazustehen. Teamcoachs haben besonders große Vorbehalte gegenüber der Hilfe von anderen. Dabei entstehen viele Fehler erst dadurch, dass sie meinen, alles zu wissen und allein machen zu können. Manche wissen aber auch, dass sie Wissenslücken haben, trauen sich aber dennoch nicht, andere um Hilfe zu bitten.

Doch die Bitte um Hilfe bedeutet keinen Gesichtsverlust, wenn man es richtig angeht. Im ersten Schritt erläutern Sie, um was es geht und was Sie bereits wissen. Dann äußern Sie Ihre Meinung oder machen einen Vorschlag und bitten Ihren Gesprächspartner um seine Meinung dazu. Wenn Sie sich dann immer noch unsicher sind und Hilfe benötigen, können Sie jetzt direkt fragen: Haben Sie einen konkreten Vorschlag? Können Sie mir einen Tipp geben? Wie würden Sie das lösen?

Sie können auch Ihre Teammitglieder um Rat und Hilfe fragen. Es hat ja niemand behauptet, dass Sie alles wissen müssen. Manche bevorzugen allerdings lieber einen stillen (externen) Mentor oder Coach im Hintergrund, wenn es um knifflige Situationen geht.

Veränderungen in größerem Maßstab

Veränderungen in größerem Maßstab verunsichern die meisten Mitarbeiter. Nicht nur weil damit in der Regel neue Aufgaben verbunden sind, sondern weil ihnen oft auch gleichzeitig mehr Leistung abverlangt wird. Denken Sie an eine Fusion, an einen Umzug oder an Umstrukturierungen. Jetzt sind Sie gefordert, allen Mitarbeitern das „große" Ziel (die Vision) der Veränderung zu vermitteln, so z. B.: „Die Fusion macht uns zu einem der bedeutendsten Anbieter weltweit." Wichtig ist aber auch, dass die Mitarbeiter sehen, wie sie selbst von der Veränderung profitieren. Arbeitsplätze werden gesichert, neue Produkte und Services entwickelt und Ähnliches mehr. Wichtig ist, dass die Vision über allen anderen Zielen steht. Die Vision muss eine so starke Anziehungskraftkraft entwickeln, dass Sie damit eine Aufbruchsstimmung erzeugen, die Ihr Team mitreißt. Dass Sie alle Mitarbeiter ohne Murren ins Boot bekommen, ist eine Illusion. Sichern Sie sich deshalb vor allem die Unterstützung einflussreicher Teammitglieder und beliebter Multiplikatoren, die Einfluss auf die übrigen Teammitglieder ausüben können.

Parkinsonsches Gesetz für Teammeetings

Achten Sie unbedingt auf das Parkinsonsche Gesetz, welches besagt, dass sich Arbeit genau in dem Maße ausdehnt, wie Zeit für ihre Erledigung zur Verfügung steht – und nicht in dem Maß, wie komplex sie tatsächlich ist. Und: In Diskussionen werden die Themen am ausführlichsten diskutiert, von denen die meisten Teilnehmer Ahnung haben – und nicht die Themen, die am wichtigsten sind.

Das Teammitglied, das irrationale Wesen

Ein Beispiel: Wer gerade einen Anzug für 400 Euro kaufen will und erfährt, dass es diesen in einem anderen Geschäft, 15 Minuten entfernt, auch für 390 Euro gibt, wird den zusätzlichen Weg kaum auf sich nehmen. Ganz anders bei einer DVD. Wenn sie im einen Geschäft 20 Euro kostet, marschieren wir gerne 15 Minuten, um sie woanders für 10 Euro zu kaufen. Dabei hätte man in beiden Fällen für die investierte Zeit den gleichen Betrag erhalten. Geldsummen sind also relativ.

So gibt es viele Beispiele für irrationales Verhalten, wenn Menschen mit Geld, Incentives, Boni oder anderen Belohnungen umgehen. Vergessen Sie daher nicht, wenn es darum geht, eine Summe Geldes innerhalb eines Teams aufzuteilen, spielt Fairness eine große Rolle. Wer sich benachteiligt fühlt, verzichtet lieber auf alles, statt zumindest einen Teil des Geldes einzustreichen. Nur um dem anderen, der unfair handelt, eins auszuwischen. So würden Sie mit der ursprünglich positiven Absicht genau das Gegenteil erreichen.

Delegieren Sie so viel wie möglich

Junge Teamcoachs denken häufig, sie müssten alles selbst machen, um bloß keine Fehler zu riskieren. Im Gegenteil: Nutzen Sie jede Gelegenheit, sich von Aufgaben und Ballast zu trennen, von dem Sie wissen, dass andere in Ihrem Team das mindestens genauso gut oder sogar noch besser können. Zeigen Sie Vertrauen, indem Sie Verantwortungsbereiche an Ihre Teammitglieder übertragen, und ermutigen Sie diese zu Selbstverantwortung. Kontrollieren Sie die Teammitglieder jedoch nicht ständig und verlangen Sie nicht, dass sie alles mit Ihnen absprechen. Geben Sie grobe Richtlinien vor und erarbeiten Sie gemeinsam die Aufgabenziele. Dies spornt die Teammitglieder an, das von Ihnen entgegengebrachte Vertrauen nicht zu enttäuschen.

Verhalten der einzelnen Teammitglieder

Manchmal werden in Teammeetings „im Laufe des Gefechts" auch Verhaltensweisen einzelner Mitglieder angesprochen, die die Arbeit des Teams oder einzelner Mitglieder erschweren. So z. B.: „Herr Feiertag liefert mir die zugesagten Muster zu spät." Oder: „Frau Klein gibt mir nur auf mehrfache Nachfrage die notwenigen Unterlagen." Dann ist der Teamcoach als „Brückenbauer" (Gesprächsmoderator) gefragt. Denn im Rahmen eines Teammeetings können Arbeitsbeziehungen besprochen und geklärt werden, allerdings sind Teammeetings nicht der Ort, um zum Beispiel darüber zu sprechen, welche Persönlichkeitsmerkmale von Frau Klein dazu führen, dass sie diese Unterlagen nur zögerlich weitergibt. Etwa weil sie den Kollegen Klugmann als Konkurrent empfindet. Oder weil sie es genießt, mehr Wissen als ihre Kollegen zu haben. Solche persönlichen Aspekte dürfen im Teammeeting nicht erörtert werden. Denn dies käme einem Bloßstellen der betreffenden Person vor dem Team gleich. Diese Fragen sollten in individuellen Coachinggesprächen mit dem Teamcoach erörtert werden, die parallel zu den Teammeetings stattfinden.

Ich kann kaum einem Teammitglied einen Gefallen ausschlagen

Die Lösung für Ihr Problem hat exakt vier Buchstaben: Nein! Konfliktscheue und harmoniesüchtige Teamcoachs sind häufig mit diesem Problem beschäftigt, oder aber sie suchen das wohlige Gefühl der Unentbehrlichkeit und befriedigen ihr Helfersyndrom. Schauen Sie sich mal selbst kritisch über die Schultern und stellen sich folgende Frage: Wie stark hängt mein Selbstwertgefühl daran, dass alle mich mögen und mir bestätigen, dass ich eine wichtige Stütze bin?

Machen Sie sich klar, dass Sie als Teamcoach zwar gemocht werden sollten, aber nicht geliebt. Achten Sie auch darauf, dass Sie nicht ausgenutzt und als „Softi" belächelt werden. Bedenken Sie, dass Konflikte nicht grundsätzlich negativ sind, und lernen Sie, Nein zu sagen: sofort, eindeutig und ohne sich lange rechtfertigen zu müssen.

Meine Erkenntnisse in diesem Kapitel:

Was kann ich tun, um diese Erkenntnisse für mich, mein Team und mein Unternehmen nutzbar zu machen?

Ab wann werde ich beginnen?____

4. Das Coachinggespräch

Nachdem wir sowohl den Prozess der Teambildung und Teamdynamik als auch den Umgang mit dem Team als Ganzes besprochen haben, folgt nun das Coachinggespräch, die Zweier-Interaktion zwischen Teamcoach und Coachee im Fokus. So wird Ihr Methoden-Know-how durch den Umgang mit Einzelpersonen erweitert. Die Führungskraft als Teamcoach bewegt sich im Spannungsfeld zwischen „beraten" und „beurteilen". Teamcoaching erfordert daher, sich als Führungskraft dieses Rollenkonfliktes bewusst zu sein (vgl. auch Kapitel 5.4), um das Vertrauen der Teammitglieder nicht zu enttäuschen. Voraussetzungen für eine gelingende Coachingbeziehung sind zudem ein über Zielvereinbarungen definierter Verantwortungsbereich des Mitarbeiters und eine gut funktionierende Beziehungsebene. Als Teamcoach sind Sie dafür verantwortlich, dass die Teammitglieder ihre Arbeit gut erledigen können. Wenn es um die ...

- Weiterentwicklung der professionellen Fähigkeiten der Teammitglieder,
- kontinuierliche Unterstützung für schwierige und herausfordernde Praxisfragen,
- Entwicklungsziele des Mitarbeiters,
- schrittweise Erreichung von Entwicklungszielen oder auch
- Differenzen in der Zusammenarbeit geht,

dann kann der Teamcoach dies sehr gut mithilfe des Individualcoachings mit dem betroffenen Coachee klären. Neben Ihren analytischen Fähigkeiten und Ihrem Methodenwissen ist vor allem Ihre Wahrnehmungsfähigkeit und Empathie gefragt. Sich in den Coachee hineinzuversetzen und mitzufühlen, schafft auf der einen Seite eine gute Vertrauensgrundlage und Nähe. Wer jedoch zu viel Empathie entwickelt, kann in die Mitleidsfalle geraten. Nützlich ist auf der anderen Seite der Waagschale eine klare Aufgabenorientierung, die sowohl das Wertegefüge des Coachees als auch das eigene und das des Unternehmens berücksichtigt. Dazu ist Freiwilligkeit eine zwingende Voraussetzung für den Erfolg des Coachinggesprächs.

4.1 Teammitglieder coachen = fordern, fördern, führen

Teams können deutlich mehr sein als die Summe der Teammitglieder (2 + 2 = 5), aber eben auch deutlich weniger (2 + 2 = 3). Neben der Beachtung der vertikalen und horizontalen Einflussgrößen auf das Team, ist es eine wichtige Aufgabe des Teamcoachs, den Teammitgliedern Wege zur Selbsthilfe aufzuzeigen und wie sie sich fehlendes Wissen besorgen können. Ihre Sozialkompetenz ist bei Beziehungsproblemen gefordert und Ihr Fingerspitzengefühl und Einfühlungsvermögen können für den Erfolg des Teammitglieds entscheidend sein.

Wertschätzung und Vertraulichkeit sind daher zentrale Verhaltensbestandteile von Coaching. Ein Teammitglied spürt sehr genau, ob der Teamcoach ihm ständig gute Ratschläge erteilen will oder partnerschaftlich mit ihm Lösungen erarbeitet. Vertrauen ist ein Bauchgefühl, die funktionierende Zusammenarbeit von Teamcoach und Coachee basiert darauf. Ein Coachee muss seinem Coach anfangs einen Vertrauensvorschuss entgegenbringen, denn der Coachee weiß noch nicht, auf was er sich einlässt. Diesen Vorschuss zu verdienen, bedeutet: keine Informationen über das Gespräch an andere zu geben. Denn das gehört zu den größten Ängsten der Coachees.

Team- und Einzelcoaching bieten Ihnen eine große Bandbreite an individuellen Fördermöglichkeiten. Sie können während des Coachings sowohl Aspekte der Teamfähigkeit beleuchten, z. B. Freundlichkeit, Interesse am Kollegen, Eingehen auf Teamwünsche und Konfliktverhalten, als auch die kommunikative Kompetenz weiterentwickeln, indem Sie seine Körpersprache, bestimmte sprachliche Marotten, seine Gesprächsführungstechnik und das aktive Zuhören thematisieren. Schließlich können auch erkannte fachliche Defizite Gegenstand von Coachinggesprächen sein.

Wichtig ist, dass Sie als Teamcoach nicht unbedingt fachlich ebenbürtig sein müssen. Teamcoachs können bei dem explosiven Wissenswachstum heutzutage nicht mehr genauso spezialisiert sein wie ihre Mitarbeiter. Es hilft zwar im Sinne von Vorbildwirkung, ist aber nicht zwingend erforderlich. Im Gegenteil, es hat sogar Vorteile, weil Sie dadurch nicht in Versuchung kommen, dem Teammitglied Ihre Lösungen „aufzudrücken". Viele Teamcoachs sind sehr erfolgreich in ihrer Arbeit, ohne von der fachlichen Materie soviel zu verstehen wie ihre Teammitglieder.

Wie erwartet, kosten Coachinggespräche Zeit. Aber es ist gut investierte Zeit, denn durch die Coachinggespräche erreichen Sie mehr gemeinsam getragene Verantwortung, eine klare Zielfokussierung, erfolgreichere Teammeetings, mehr Teamorientierung und damit in der Summe mehr Erfolg im und mit dem Team. Einer unserer Coachees brachte es folgendermaßen auf den Punkt: „Ich kann meine Mitarbeiter jetzt viel besser einschätzen und es macht Spaß, ihre gestiegene Verantwortungsbereitschaft und ihr Engagement zu verfolgen!"

Ist z. B. ein Teamcoach zu schwach und kann er seine Kompetenz und Autorität nicht einsetzen, ist die Gefahr groß, dass er zum Spielball der Teammitglieder wird. Eine besondere Angriffsfläche für Teammitglieder bieten neue Teamleiter. Die Gründe sind vielfältig, so z. B.:

- Das Team ist misstrauisch, weil es den Neuen noch nicht kennt.
- Der neue Teamcoach wurde aus dem Kollegenkreis rekrutiert und ein Kollege aus dem Team hatte auf den Posten spekuliert. Dieser ist nun sauer und hetzt seine Kollegen gegen den ehemaligen Kollegen auf.
- Die Erwartungen sind zu hoch und können vom neuen Teamcoach nicht erfüllt werden. Das ist enttäuschend.
- Der neue Teamcoach ist viel jünger als der Altersdurchschnitt des Teams. Ihm wird daher wenig Kompetenz zugesprochen.

Die Stimmung eines Teammitglieds hängt zu 50 bis 70 Prozent von einer einzigen Person ab: seinem Teamcoach!

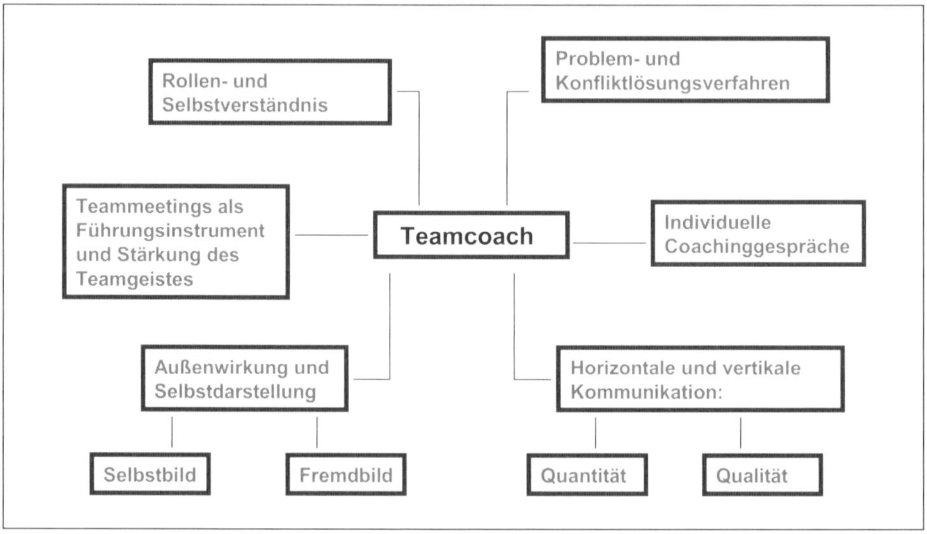

Abbildung 23: *coachen = fordern, fördern, führen*

Somit sind Teamcoach-Verhalten und Mitarbeiter-Verhalten voneinander abhängige Variablen! Coachinggespräche sind eine Mischung aus Zuhören, Nachfragen, Verständnis zeigen und Fragen stellen, aber auch auf eine Problemlösung drängen.

Zusammenfassend gilt:

Gesagt	**ist nicht**	**gehört.**
Gehört	**ist nicht**	**zugehört.**
Zugehört	**ist nicht**	**verstanden.**
Verstanden	**ist nicht**	**einverstanden.**
Einverstanden	**ist noch lange nicht**	**getan.**

1. Richten Sie Ihr Augenmerk auf Gräben zwischen Teammitgliedern. Schütten Sie diese durch professionelle Coachinggespräche zu und bringen Sie die Beteiligten durch gemeinsam zu lösende Aufgaben dazu, ihr Kriegsbeil zu begraben.

2. Konzentrieren Sie sich auf Engpässe in der Teamarbeit und auf Teammitglieder, deren Arbeitsergebnisse das Weiterarbeiten des ganzen Teams beeinflussen.

3. Nehmen Sie verschiedene Rollen ein. So bringen Sie als „Lokomotive" ein erschöpftes Team wieder in Schwung, während Sie als „Hilfsarbeiter" ein gut arbeitendes Team nur unterstützen.

4.2 Einzelcoaching: Das **G R O W**-Modell

Als Teamcoach wissen Sie, dass nicht Sie es sind, der Menschen oder Systeme instruktiv verändern kann, sondern dass Veränderungen das Ergebnis der Interaktion zwischen den Gecoachten und dem Coach sind. Die Mutter aller Coaching-Formen ist das Einzelcoaching. Bei ihm trifft sich der Teamcoach mit einem Teammitglied, dem Coachee, um mit ihm eine Lösung für eine aktuelle berufliche (weniger private) Herausforderung zu erarbeiten. Es könnte beispielsweise beim Einzelcoaching um folgende Fragen gehen:

Beispiele

Wie kann ich die vielen Anforderungen, die täglich an mich gestellt werden, unter einen Hut bringen?

Was sind die Gründe, warum es mir so schwerfällt, die vorgegebenen Ziele zu erreichen?

Ich kann machen, was ich will, immer sind irgendwelche Personen unzufrieden? Was kann ich tun?

Was macht es mir so schwer, die Mehrheitsentscheidung zu akzeptieren?

Im Zentrum des Einzelcoachings steht also eine Frage, die aus gegebenem Anlass einer baldigen Antwort bedarf und bei der der Teamcoach oder der Coachee das Gefühl hat, dass sich etwas ändern muss, damit die konstruktive Zusammenarbeit zwischen dem Coachee und dem Team oder zwischen Coachee und Teamcoach wieder hergestellt werden kann.

Beim Coaching lautet die Grundannahme stets: Grundsätzlich kann der Coachee seine Aufgabe alleine mit Erfolg meistern.

Das hat er in der Vergangenheit bewiesen. Er benötigt aber in der aktuellen Situation Unterstützung. Der Fokus liegt beim Coaching also auf der zu bewältigenden Aufgabe. Fachwissen und Menschenkenntnis sind gefragt. Dessen ungeachtet stößt man auch beim Einzelcoaching schnell auf Fragen, wie: Zeigt der Coachee in vergleichbaren Situationen regelmäßig ähnliche Denk- und Verhaltensmuster? Schiebt er zum Beispiel Entscheidungen häufig auf die lange Bank? Oder denkt er häufig „das kann ich sowieso nicht“ oder „das wird wieder nichts“?

Auch in den Einzel-Coachinggesprächen werden also Fragen erörtert, die die Persönlichkeit tangieren. Deshalb muss ein Teamcoach neben dem erforderlichen Fachwissen auch psychologisches Know-how haben, damit er gegebenenfalls erkennt: Stopp, hier kommen wir in einen Bereich, der sowohl meine Kompetenzen als auch den Rahmen eines Coachinggesprächs übersteigt. *„Letztlich ist das Hantieren mit dem Begriff ‚psychische Störung' oft ein Balanceakt zwischen der unzulässigen Pathologisierung von Menschen und dem leichtfertigen Übersehen einer behandlungsbedürftigen Symptomatik. Ein Laie wird kaum in der Lage sein, zu entscheiden, ob eine Störung vorliegt und wenn ja, welche. Das ist kein Eingeständ-*

nis der Inkompetenz, sondern ein Erkennen von Grenzen der eigenen Fähigkeiten." (Sander/Kagerer, 2/2010, S. 17) Wenn ein solcher Fall vorliegt, sollte professionelle (externe) Hilfe angeboten werden.

Jeder Teamcoach sollte sich immer vergegenwärtigen, dass er keinen therapeutischen Auftrag hat!

Coaching kann einerseits so lose gehandhabt werden und informell gestaltet sein, dass der Gecoachte nicht einmal realisiert, dass er gecoacht wird. Coaching ist dann kein Werkzeug des Teamcoachs mehr, sondern wird einfach zur Methode, Menschen anzuleiten, zu begleiten, zu führen. Das ist unserer Meinung nach der wirksamste Ansatz bzw. Führungsstil. Andererseits kann ein Coachinggespräch so durchgeplant und strukturiert werden, dass der Zweck und die Rollen eindeutig festgelegt sind. Coaching findet meistens auf die erstgenannte Weise statt. Dennoch werden wir den letzteren Typus genauer vorstellen. Der Prozess ist zwar der gleiche, der Ablauf ist jedoch weitaus eindeutiger definiert.

Der äußere Rahmen: Wo können Sie coachen?

Von Spöttern wird Coach gerne mit Couch in Verbindung gebracht und so in die Nähe der Psychoanalyse gerückt. Richtig ist, dass die normale Arbeitsumgebung für Coachinggespräche, die über ein kurzes Feedback hinausgehen, völlig ungeeignet ist. Permanent unterbrochen von Telefonanrufen, ins Zimmer tretenden Kollegen und Teammitgliedern oder anderen Störungen kann kein Coaching stattfinden.

Coaching braucht eine Umgebung, die stressfrei ist und nicht die üblichen Arbeitszwänge und Hierarchien widerspiegelt. Es erfordert Ruhe sowie eine angenehme, ungestörte und partnerschaftliche Atmosphäre. Deshalb ist Ihr Büro als „Höhle des Löwen" (aus Sicht des Coachees) ebenso ungeeignet wie die Büros anderer Vorgesetzter, denn hier werden Sie in erster Linie als Chef und nicht als Coach gesehen und empfunden.

Folgende Räume sind für das Coaching ebenfalls ungeeignet:

öffentliche Räume mit Publikumsverkehr, z. B. Kantine, Cafeteria oder „Sozialecken" auf dem Büroflur.

Beispiele für mögliche Coaching-Orte:

- Spaziergänge in entspannender Umgebung
- Besprechungsräume, die nicht ständig frequentiert werden

Folgende Kriterien müssen die Coaching-Orte erfüllen:

- Es sind keine zufälligen Störungen möglich.
- Der Raum sollte weder durch Glaswände einsehbar sein noch vom Flur oder von Nebenräumen aus.
- Die Einrichtung ist einigermaßen gemütlich (Sitzgruppe, Sessel oder dergleichen).

- Es gibt keine Sitzordnung, die eine Konfrontation nahelegt (einander gegenüber sitzen am Verhandlungstisch vermeiden).
- Ein runder Tisch ist ideal.

Im Folgenden wird Ihnen ein ebenso einfaches wie wichtiges Coching-Instrument vorgestellt, welches Ihnen Ihre ersten Coachinggespräche erleichtern soll.

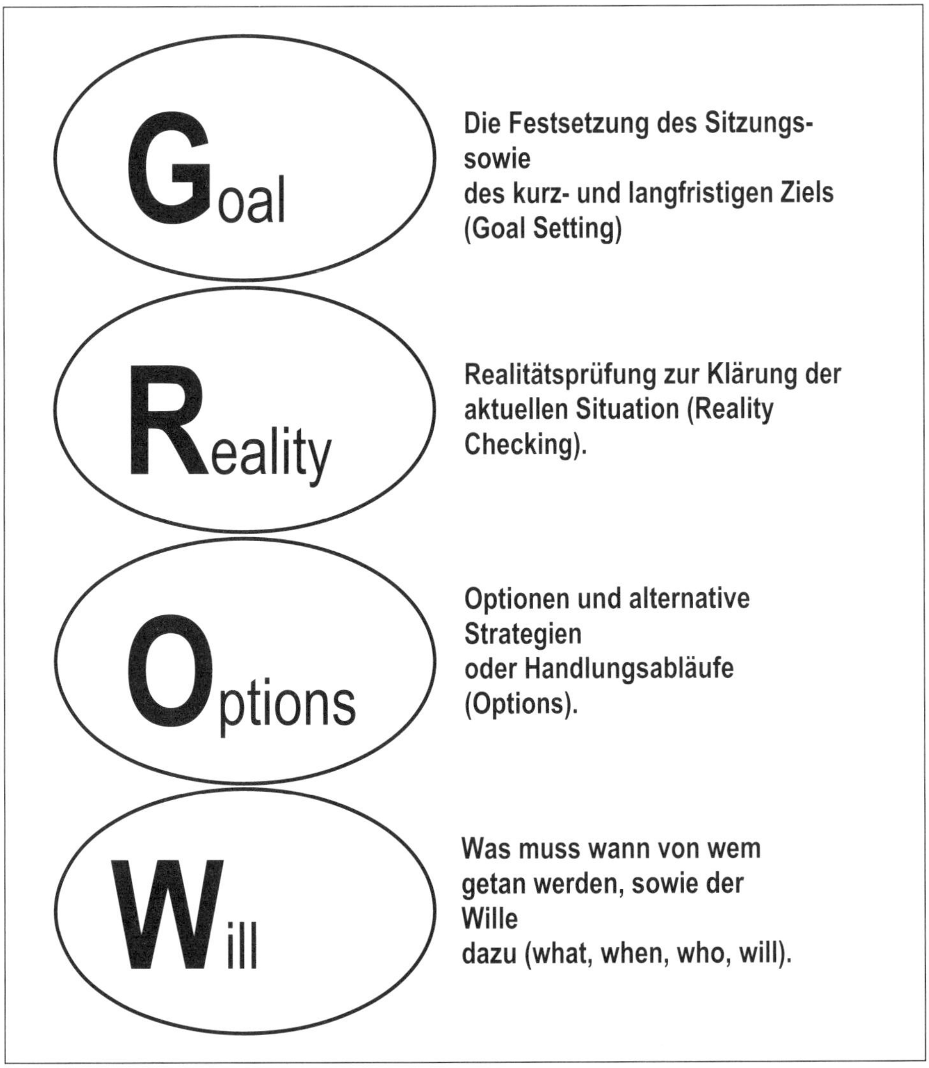

Abbildung 24: *Das GROW-Modell nach Whitmore mit seinen vier Stufen*

Verdeutlichen wir nun den Ablauf des **GROW-Modells** in vier Stufen:

Goal: Festsetzung des Gesprächsziels

Die klare Zieldefinition – Gesprächsziel, kurz und langfristiges Ziel – hilft Coach und Coachee, sich zu fokussieren. Denn wenn man nicht weiß, wohin der Coachee eigentlich wollte, muss man sich nicht wundern, wenn man irgendwo im Trüben fischt oder nirgendwo ankommt.

Es ist sehr hilfreich, die individuellen Coachinggespräche in einen übergeordneten Zielkontext zu stellen. Wenn Sie also mit Zielvereinbarungen arbeiten, können Sie diese nutzen, um mit Ihrem Coachee gemeinsam im Vorgespräch daraus Teilziele abzuleiten. Aus diesen Teilzielen wiederum kann der Coachee seine jeweiligen Gesprächsziele definieren.

Beispiel

Zu den Zielvereinbarungen eines Vertriebsteam-Mitglieds gehörte die Aufgabe, 1.200 Stück von einem neu entwickelten Produkt in der ihm zugeteilten Region, innerhalb von zwölf Monaten, den dortigen Kunden vorzustellen und zu verkaufen. Die Teilziele waren:

1. Auswahl der A-Kunden (Großkunden und Multiplikatoren) in der Region bis ... (Datum)
2. Mailing-Aktion (Zeitraum)
3. 1.000 Stück binnen zwölf Monaten an A-Kunden verkaufen und Empfehlungen für Neukunden erhalten.
4. Terminierung von fünf Interessentenbesuchen pro Woche (neben der Bestandskundenpflege)
5. 200 Stück an Neukunden bis zum Jahresende verkaufen

Es reicht nicht aus, ein „Endziel" zu definieren, sondern wir benötigen klar definierte „Leistungsziele". Das Endziel liegt nämlich nicht immer in unserer alleinigen Verantwortung, während „Leistungsziele" die einzelnen Schritte bestimmen, die weitgehend von uns selbst kontrolliert werden können.

Wie formuliert man nun ein „SMARTes" persönliches Ziel?

Beispielsweise durch „Management-by-3M"?

„**M**an **m**üsste **m**al – pünktlicher zu den Teammeetings erscheinen und nicht soviel unnützes Zeug reden."

oder:

„**M**an **m**üsste **m**al mehr Abschlüsse machen."

So nicht! – Wie dann?

> „Ich werde ab heute bei den nächsten fünf Teammeetings pünktlich sein, nur sprechen, wenn ich gefragt werde, und nur zum Thema sprechen."
>
> oder:
>
> „Ich erziele bei zehn Kundenbesuchen sieben Abschlüsse in Höhe von jeweils mindestens abc Stück zum Wert von xxx Euro und erreiche damit mein Ziel von xyz Euro bis zum Ende des ersten Quartals."

Ziele sind Ziele, wenn sie nach der SMART-Formel erstellt wurden. Genau genommen sind es konkretisierte Visionen, die spezifisch (konkret), messbar (quantifiziert), aktionsorientiert sind, realistisch (machbar) und terminiert (haben einen Anfang und ein Ende) wurden. Nicht alle Ziele sind quantifizierbar, gerade in Coachinggesprächen treffen Sie auf die Herausforderung, qualitative Ziele festzuhalten. Für Sie als Teamcoach bedeutet das, genau hinzuhören und nebulöse Aussagen zu konkretisieren. Wichtig ist, dass Sie darauf achten, folgende Eigenschaften eines „SMARTen" Ziels einzufordern:

Zieldefinition

- **Positiv** („Ich schaffe ..." statt „ich will nicht", „nicht mehr so lange")
- **Aktiv** („Ich tue, erreiche, mache" statt frommen Wünschen „würde gerne", „möchte mal")
- **Persönlich** („Ich ..." statt „man", „es" oder statt Infinitiv, „weniger reden")
- **Konkret** („zehn Ideen sammeln", „fünf Vorschläge erarbeiten" statt unklare Vergleiche wie „weniger", „doppelt so viel", „mehr")

Positiv: Wir wissen mittlerweile, dass wir gerade das verfolgen, was wir eigentlich nicht wollen, wenn wir unser Denken negativ programmieren. Sie können daher Ihrem Coachee besonders nutzen, wenn Sie negative Formulierungen auflösen.

> ## Beispiel
>
> Coach: „Was wollen Sie als nächsten Entwicklungsschritt in Ihrer Karriere erreichen?"
>
> Coachee: „Also, meine Frau bekommt ein Kind und ich will jetzt auf keinen Fall mehr so viel reisen."
>
> Coach: „Formulieren Sie es mal positiv: Was wollen Sie stattdessen?"
>
> Coachee: „Ich möchte gerne an einem Ort fest arbeiten."
>
> Coach: „O. K., dann halten wir das als Ihr Ziel fest."

Aktiv: Der Konjunktiv („hätte, würde, wäre, könnte") ist die Wunsch- und Höflichkeitsform. Er eignet sich fürs Träumen und gute Umgangsformen, aber nicht für klare Ziele. Fragen Sie nach den eigenverantwortlichen Aktivitäten des Coachees.

Beispiel

Coach: „Worum geht es Ihnen heute?"

Coachee: „Ich würde gerne ein bisschen weniger Zeit brauchen, um mein Projekt vorzustellen."

Coach: „Sie kennen das ja, wenn man sagt ‚ich würde gerne oder ich möchte ... ' hält man sich ein Hintertürchen offen. Versuchen Sie, es aktiv zu formulieren: Was werden Sie tun?"

Coachee: „Ich werde das Projekt mit einer professionellen PowerPoint-Präsentation erläutern, was ca. 15 Minuten dauert."

Persönlich: Nehmen Sie Ihren Coachee in die Verantwortung. Nicht irgendjemand wird die Ziele realisieren, sondern ausschließlich er.

Beispiel

Coach: „Was ist Ihr Ziel für die nächste Projektsitzung?"

Coachee: „Man müsste mal versuchen, eben mehr Informationen zu bekommen."

Coach: „Entschuldigen Sie, wenn ich jetzt etwas provozierend frage, aber es geht um Ihr persönliches Ziel: Wer ist „man"?

Coachee: „Na, ich natürlich."

Coach: „Genau, Sie wollen etwas Bestimmtes erreichen. Sie sagten, ‚mehr Informationen', was heißt das für Sie konkret?"

Coachee: „Naja, ich will genaue Informationen über die zwei Alternativprojekte und deren Vor- und Nachteile erhalten."

Konkret: Lassen Sie keine schwammigen Vergleiche gelten. Ihr Coachee weiß zwar, womit er vergleicht, aber Sie nicht. Alle Ziele müssen für Sie als Coach nachvollziehbar und messbar sein.

Beispiel

Coach: „Wie lange dauert denn normalerweise eine Projektpräsentation?"

Coachee: „So ca. 45 Minuten."

Coach: „‚Weniger' heißt also in diesem Fall die Einsparung einer halben Stunde, nicht schlecht."

Coachee: „Ja, es ist ja nicht mein erstes Projekt und ich habe schon viele mögliche Fragen der Entscheider eingearbeitet, die sonst am Ende viel Zeit kosten.“

Quelle: iStock/lisegagne
Abbildung 25: *Coachinggespräch*

Fazit: Fixieren Sie konkrete Ziele, diese können im größeren Zusammenhang stehen oder sich ausschließlich auf das folgende Projektgespräch beziehen. Ein klares Ziel gibt Orientierung und ermöglicht Fokussierung. Dazu können Sie durch Ihre Beharrlichkeit bei der Zielklärung und -formulierung beitragen!

Reality: Klärung der aktuellen Situation

Das Reality-Checking besteht größtenteils aus Fragen, Fragen, Fragen??? Das stärkste Argument dafür, sich an der GROW-Folge mit effektiven Coachingfragen zu orientieren, ist, dass sie nur so funktioniert.

Die Situationsklärung und Zielbestimmung befinden sich in einem heißen Wettkampf miteinander: Der Coachee möchte meistens mit der Schilderung der derzeitigen Situation beginnen und hält es für unerlässlich, erst darüber zu sprechen. Doch eine Zielklärung hilft dem Coach (und Coachee), sich nicht zu verlieren, sondern dem Coachinggespräch Ziel und Richtung zu verleihen.

Lassen Sie Ihren Mitarbeiter ruhig kurz die Situation skizzieren, dann fangen Sie ihn wieder ein, bis Sie das Ziel festgezurrt haben. Wenn das Ziel klar ist, kann die Situation viel besser analysiert werden, weil Unwichtiges oder Nebenkriegsschauplätze leichter entlarvt werden können. Es ist allerdings auch möglich, dass nach dem Realitäts-Check eine Modifizierung des Ziels vorgenommen werden muss.

Fragen zur Situationsklärung:

- Was genau ist los?
- Wer ist beteiligt?
- Was haben Sie schon unternommen?
- Was ist dabei herausgekommen?
- Wann war es mal besser/wann schlechter?
- Wer, wie, wo, was, wann ...?

Klären Sie mit Geduld und offenen Fragen das systemische Gefüge, innerhalb dessen diese Situation existiert. Lassen Sie sich nicht zu Bewertungen oder frühzeitigen Ratschlägen hinreißen: „Also das ist ja keine Art, miteinander umzugehen."

„Ich würde jetzt mal abwarten ..."

Eine Situationsbeschreibung kann recht lange dauern, wenn der Coachee keinen Handlungsdruck spürt oder Angst vor zu treffenden Maßnahmen hat. Manchmal will er sich auch nur etwas von der Seele reden. Der GROW-Leitfaden hilft Ihnen, das zu kanalisieren und dem Problem nicht zu viel Raum zu geben. Denn je mehr darüber gesprochen wird, desto mehr ergreift es Besitz.

Das Gespräch mit Ihnen als Coach sollte stets davon geleitet sein, dass nicht immer mehr Gleichgelagertes diskutiert wird, sondern durch Ihre Fragen neue Aspekte und Sichtweisen zum Tragen kommen. Wie ein Detektiv auf Spurensuche ist Ihre Aufgabe in dieser Phase, die Situation aus allen Blickwinkeln zu beleuchten.

Wertvolle Fragentechniken für Ihren Job als „Fragenprofi" haben wir schon in Kapitel 3.3 besprochen. Ihre Fertigkeit, intelligente Fragen während des gesamten Coachingprozesses zu stellen, bestimmt die Qualität des Coachings. Wer fragt, führt!

Fragen des Coachs ...

- ... öffnen den Geist.
- ... wecken das innere Wissen.
- ... ermöglichen erst einen Dialog.
- ... fördern den Austausch von Sichtweisen.
- ... schaffen Erkenntnisse.
- ... regen an zur Anwendung.

Generell empfehlen wir offene Fragen (wie, wo, was ...), weil sie Ihnen ermöglichen, Informationen zu erhalten und das Gespräch sinnvoll zu führen statt sich mit geschlossenen Fragen, Suggestiv- oder rhetorischen Fragen auf das unbekannte Terrain von Vermutungen und Annahmen zu begeben.

Vermeiden Sie Warum-Fragen, denn meist zwingen Sie den Coachee in eine Verteidigungshaltung oder er geht selbst zum Angriff über. Hören wir Warum-Fragen von Kindern, wissen wir, dass sie einem echten Interesse entspringen, ihre Umwelt zu verstehen, doch bei Erwachsenen regen sich die Stresshormone im Gehirn und signalisieren: „Flight or fight", eine partnerschaftliche Gesprächssituation ist nicht mehr gegeben.

Options: Alternative Strategien oder Handlungsabläufe

In dieser Phase geht es darum, die Scheuklappen abzunehmen und die ganze Bandbreite an Möglichkeiten zu erkennen, die sich bietet. Durch die Problemfokussierung Ihres Mitarbeiters ist häufig der Blick auf die zur Verfügung stehenden Alternativen blockiert. Zu Beginn dieser Phase kommen Sie noch einmal kurz auf das Ziel zurück, das der Coachee erreichen will. Vielleicht können Sie es auch visualisieren. Das hilft, sich auf das zu konzentrieren, was man will, und nicht auf das, was einen stört. Folgende Fragen/Interventionen sind nützlich:

- „Lassen Sie uns jetzt einmal alles zusammentragen, was Ihnen an Alternativen einfällt."
- „Welche Ideen haben Sie noch?"

Oft stockt dieser Prozess zu Beginn etwas, dann hilft das sogenannte „Teile"-Coaching. Die Idee dahinter ist, dass wir verschiedene Persönlichkeitsanteile haben, z. B. den Kritiker in uns, der alles gleich nieder macht – oder den kreativen Träumer, den Macher etc. Diese kann der Coach direkt adressieren:

„Kennen Sie das, dass man manchmal verschiedene Stimme in sich hört, meist unterschiedlich laut. Manchmal ist der Kritiker besonders laut, der alles infrage stellt und einem immer einflüstert, dass etwas Bestimmtes nicht geht, nicht funktionieren kann. Dann wieder ist da ein leises Stimmchen von jemand, der sagt, warum probierst du nicht mal ...?! – Aber sofort wird er zum Stillschweigen gebracht. Diese Stimme möchte ich mal ein bisschen hervorlocken: Was sagt der kreative Part in Ihnen? Sagen Sie Ihrem kritischen Part einfach, er habe jetzt mal kurz Pause."

Diese Idee von Schulz v. Thun, das „Innere Team" aufzustellen, ist ein geniales Werkzeug im Coaching, benötigt jedoch Übung und Mut und sollte daher in der Ausbildung intensiv trainiert werden.

An dieser Stelle kommen auch die Zauberfragen zu Tragen:

Beispiele

„Was wäre, wenn Dein Etat groß genug wäre?"

„Was wäre, wenn Du über Nacht die Situation verändern könntest? Was müsste geschehen?"

„Was wäre, wenn Du die Antwort kennen würdest? Wie würde sie ausfallen?"

In dieser Phase sind sogenannte „Killerphrasen" („zu teuer", „geht nicht") wirklich tödlich, nämlich für jegliche Kreativität. Daher sind Sie als Korrektiv so wichtig.

* Tipp

- Notieren Sie die Ideen kreuz und quer auf einem Papierbogen oder Flipchart, um eine Wertung zu vermeiden.
- Seien Sie sparsam mit Input.

Natürlich werden auch Sie häufig gefragt: „Was meinen Sie denn dazu?", denn die Erwartungshaltung des Coachees ist, Input von Ihnen zu bekommen. Halten Sie sich zunächst mit Ratschlägen zurück. Statt „Ich würde …", formulieren: „Haben Sie schon mal ...", „Mein Tipp ist ...". Am Ende dieser Phase können Sie dann immer noch den einen oder anderen wertvollen Hinweis geben.

Schließlich endet diese Phase mit der Frage, welche Ideen denn nun die besten und nützlichsten sind, vielleicht entsteht eine Lösung durch die Verquickung zweier Ideen miteinander.

* Tipp

Für die Auswahl sind die angelegten Kriterien eine gute Hilfe. Diese hängen mit dem Ziel zusammen, also ist Zeit, Geld, Gesundheit, Weiterbildung ein wichtiges Kriterium? Dann machen Sie darauf aufmerksam:

„Sie sagten vorhin, dass sie bis Ende des Monats das Projekt beendet haben müssen. Welche Ihrer Ideen passt am besten zu diesem Zeithorizont?"

Will: Der Wille, das Vereinbarte umzusetzen

In der letzten Phase des Coachingprozesses geht es darum, das Coachinggespräch, die Diskussion, in Entscheidungen umzumünzen, sowie einen Handlungsplan aufzustellen, der einer zuvor klar spezifizierten Anforderung gerecht wird, die Ihrerseits sorgfältig untersucht worden ist. Es geht darum, ins Tun zu kommen, das Vereinbarte umzusetzen: Was muss wann von wem getan werden?

Im Folgenden sollen der Wert und das Ziel jeder Frage sowie die jeweils beste Fragestellung betrachtet werden.

☑ Fragencheck

- ✓ Was werden Sie jetzt umsetzen?
- ✓ Welche dieser Alternativen werden Sie in Angriff nehmen?
- ✓ (Bis) Wann?
- ✓ Zielvergleich: Erreichen Sie damit Ihr gewünschtes Ziel?
- ✓ Auf welche Hindernisse könnten Sie stoßen? Wie können Sie diesen begegnen?
- ✓ Wer muss davon wissen? Wer muss mit ins Boot geholt werden?
- ✓ Welche Unterstützung benötigen Sie? Was müssen Sie dafür tun?
- ✓ Welche Diskussionspunkte haben Sie noch?

Am Ende fordern Sie Ihren Mitarbeiter auf:

„Bewerten Sie auf einer Skala von eins bis zehn, wie sicher Sie sind, dass Sie die vereinbarten Handlungen auch ausführen werden.“

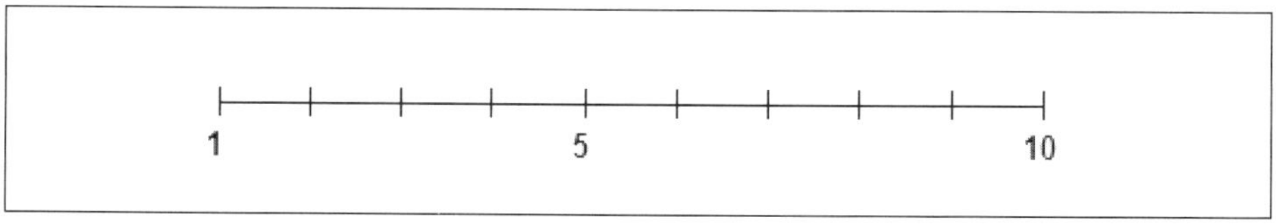

Abbildung 26: *Bewertungsskala*

Wenn die Antwort zwischen 5 und 6 liegt, fragen Sie, was an den Maßnahmen geändert werden muss (Zeiträume, Menge der Maßnahmen ...), bis Sie möglichst auf einen Wert von 8 oder 9 kommen.

Sie bewahren damit den Coachee vor einer herben Enttäuschung, wenn er die vorgenommenen Maßnahmen nicht schafft und dann resigniert aufgibt, seine Ziele erreichen zu wollen.

Abschluss des Einzelcoachings

Damit ist das Coachinggespräch beendet, entscheidend ist, dass der Coachee mit Energie und Kraft jetzt daran geht, die Maßnahmen umzusetzen. Daher ist es so wichtig, dass Sie als Coach ihn in dieser Phase unterstützen, machbare und verbindliche „Arbeitspakete“ zu schnüren.

Wie dokumentieren Sie die Gespräche?

„Kein Produktentwickler käme auf die Idee, den Werdegang eines neuen Produktes undokumentiert zu lassen. Besprechungen, Zeichnungen, Muster – alles wird akribisch festgehalten. Bei der Entwicklung von Mitarbeitern durch Coaching oder bei Personalführungsgesprächen wird dagegen oft aus unerfindlichen Gründen auf eine Dokumentation verzichtet." (Gams, 1998, S. 42)

Und weiter unterstreicht Gams: „Die schriftliche Fixierung von Coachinggesprächen dient beiden Seiten als Gedächtnisstütze und zur Beobachtung der eigenen Arbeitsfortschritte. Sie ist nicht als Beweismittel und schon gar nicht als Machtmittel konzipiert." (Gams, ebd.)

Es gibt zwei Wege, wie Sie den Coachingprozess dokumentieren können:

1. Ihre Dokumentation

Sie halten alle Vereinbarungen am Ende des Coachinggesprächs auf einem gesonderten Maßnahmenplan fest. Als Muster kann der unten skizzierte Maßnahmenplan dienen. Zum Archivieren reicht ein Ordner mit einem Register pro Teammitglied, in dem Sie die Dokumente chronologisch mit den jeweils aktuellsten zuvorderst festhalten. Wollen Sie den Prozess reflektieren, nützen Ihnen Ihre formlosen Mitschriften. Wollen Sie die Ergebnisse analysieren, benutzen Sie die Vereinbarungen.

Tabelle 9: Maßnahmenplan

Was?	Wozu?	(Bis) Wann? Wie oft?

In der Was-Spalte halten Sie fest, welche To-dos sich der Coachee vornimmt, in der Wozu-Spalte, welche Ziele er damit erreichen will, und in der (Bis) Wann/Wie oft-Spalte den zeitlichen Horizont und die Frequenz. Dieser Maßnahmenplan dient Ihnen bei jedem Folgegespräch als Grundlage zum Anknüpfen an das letzte Coaching und zur Verifizierung von Ergebnissen.

2. Dokumentation des Coachees

Einerseits ist es eine schöne Geste, „Butler" des Coachees zu sein und die wichtigsten Punkte festzuhalten. Andererseits wissen wir aus der Lern- und Gehirnforschung, dass das *Selbst-Schreiben* ein wichtiger Akt der Verfestigung der Ziele im Kopf ist und die Verantwortungsübernahme noch deutlicher beim Coachee liegt. Deshalb können Sie auch Ihrem Coachee am

Ende eines Coachinggesprächs einen Maßnahmenplan in die Hand geben und ihn bitten, selbst festzuhalten, was er umsetzen möchte.

Sie können ihn auch ermutigen, die für ihn wichtigsten Punkte aus dem Coaching nachträglich niederzuschreiben. Auch dadurch verarbeitet er noch einmal den Prozess und Sie haben eine klare Rückmeldung, was für den Coachee relevant war. Wichtig dabei ist, es sollte nicht in zu viel „Paperwork" ausarten, sondern von der Idee geleitet sein, für beide Seiten kurz und bündig die Schlüsselthemen festzuhalten.

In diesem Fall bitten Sie um eine Kopie zu Ihren Händen. Dadurch fördern Sie Verbindlichkeit und Nachhaltigkeit.

Fazit:

Durch klare Ziele, intelligente Fragen, wertvolle Lösungs- oder Verhaltensalternativen und konkrete Maßnahmen erhält Ihr Coachinggespräch Tiefe und Praxisnähe.

Als Teamcoach möchten Sie die persönlichen Kompetenzen Ihrer Teammitglieder stärken und deren Kompetenzlücken durch individuelle Entwicklungspläne und Fördermaßnahmen schließen. Teamcoaching heißt, sich voll und ganz mit einem Teammitglied auf eine Wellenlänge zu begeben und auf der Persönlichkeits- und Verhaltensebene eng mit ihm zusammenzuarbeiten, sodass es seinen Weg im und mit dem Team erfolgreich gehen kann.

Die Aufgabe des Teamcoachs ist nicht, Werte und Einstellungen seiner Coachees zu verändern, das kann der Coachee nur selbst tun. Doch er kann den Coachee unterstützen,

- sich Einstellungen und Werte bewusst zu machen,
- sich emotional zu öffnen,
- neue Perspektiven zu entwickeln.

Dann kann der Coachee ...

- neue Wahlmöglichkeiten entwickeln,
- sein Repertoire erweitern,
- seine Flexibilität erhöhen.

Ihre individuellen Coachinggespräche mit dem einzelnen Teammitglied führen zu einem besseren Verständnis zwischen Ihnen und Ihrem Coachee. Sie lernen sich durch diesen Prozess besser kennen und oft verbessert sich spürbar der Ton in Richtung zu mehr Partnerschaftlichkeit, und die Bereitschaft, eigene Ideen einzubringen. So berichtete ein Teamcoach: „Neulich kam eines meiner Teammitglieder mit einer neuen Checkliste. Im Nachgang zu unserem Coachinggespräch wollte er ein besseres Arbeitsinstrument für sich entwickeln. Dieses war so gut, dass es jetzt alle Teammitglieder nutzen."

Auch bei einem Zielgespräch lässt sich das GROW-Modell einsetzen, denn es handelt sich um eine bestimmte Vorgehensweise, einen Stil, wie man Gespräche führen kann.

Beispiel: Zielgespräch mit GROW

Sie, Teamcoach (TC) eines Vertriebsteams, haben ein Coachinggespräch mit einem Ihrer Teammitglieder (MA). Die Umsatzzahlen stimmen nicht. Sie haben eine gute Gesprächsatmosphäre hergestellt und das Gesprächsziel ist beiden klar. Nach der Einleitung könnte sich das weitere Gespräch folgendermaßen gestalten:

MA: Diese Umsatzplanung ist einfach zu hoch. Das schaffe ich nie!

TC: Was meinen Sie mit zu hoch?

MA: Ich soll 1.200 Stck. in diesem Jahr verkaufen. Das macht 100 Stck. pro Kunde. Jetzt haben wir Juli und ich habe erst 300 Stck. verkauft. Das Ziel schaffe ich nie!

TC: Was hindert Sie daran?

MA: Alle meine Kunden akzeptieren das Produkt einfach nicht!

TC: Alle Ihre Kunden?

MA: Na ja, nicht alle, aber die meisten!

TC: Wie viel sind die meisten? Wie viele kaufen denn schon?

MA: Also die Kunden A, B, C, D, E und F kaufen gut und G und H haben schon mal was bestellt, die Bestellungen aber wieder eingestellt, und die Kunden I, J und K kaufen gar nicht.

TC: Was ist bei den Kunden A bis F anders als bei den übrigen?

MA: Mit denen komme ich sowieso schon immer besser zurecht. Die sind viel netter, da muss ich nichts lange erklären!

TC: Was meinen Sie mit lange erklären?

MA: Na ja, wenn ich denen sage, dass das Produkt gut für sie ist, dann glauben sie mir das und bestellen. Schließlich kennen wir uns schon sehr viele Jahre, noch aus meiner früheren Firma. Die wissen, was sie an mir haben!

TC: Verstehe ich Sie richtig: Bei den Kunden A bis F brauchen Sie keine ausführlichen Informationen zu geben, wohingegen die Kunden G bis K ausführliche Produktinformationen brauchen?

MA: Ja, genau!

TC: Was hindert Sie daran, ausführliche Produktinformationen zu geben?

MA: Ich bin unsicher!

TC: Was bedeutet unsicher?

MA: Ich hab zu wenig Wissen!

TC: Wie stellen Sie sich vor, könnten Sie Ihre Wissenslücken beseitigen und sicher werden?

MA: Ich könnte das im Selbststudium aufarbeiten, ich könnte durch unseren Produktmanager noch mal geschult werden, ich könnte mit einem Kollegen mitfahren, ich könnte mit jemandem Argumentationstechniken üben!

TC: Welche von diesen genannten Möglichkeiten wäre die beste für Sie?

MA: Also eine extra Schulung durch unseren Produktmanager wäre sicher zu aufwändig. So grob weiß ich ja schon, worum es geht, mir fehlen einfach noch ein paar tiefergehende Details und dann weiß ich bei Einwänden nicht, was ich sagen soll. Aber wenn ich die Details alle weiß, dann komme ich sicher zurecht. Die Einwandbehandlung kriege ich dann auch allein hin. Falls notwendig, kann ich ja meinen Kollegen anrufen!

TC: Okay, was hindert Sie daran, die Unterlagen intensiv durchzuarbeiten?

MA: Dazu brauche ich Zeit und die habe ich nicht!

TC: Was meinen Sie, wie viel Zeit Sie brauchen werden?

MA: Einen ganzen zusammenhängenden Tag. Einen Tag, an dem ich nicht rausfahren muss!

TC: Meinen Sie wirklich, dass Sie sich einen ganzen Tag theoretisches Wissen würden aneignen können; dass Sie acht Stunden hintereinander intensiv lernen können?

MA: Nein, das wäre sicher zu viel. Zwei halbe Tage wären besser!

TC: Okay, wenn Sie also zwei Tage nur den halben Besuchsschnitt erfüllen und die andere Hälfte der Tage lernen, dann wissen Sie alles über das Produkt und sind sicher in Ihrer Argumentation und Einwandbehandlung?

MA: Ja, das würde mich wesentlich weiter bringen!

TC: Und dann können Sie Ihre Umsätze erreichen?

MA: Ja!

TC: Okay, wann könnten Sie diese zwei halben Studiumstage einplanen?

MA: Am tt.mm.!

TC: Gut, genehmigt! Lassen Sie uns nun mal einen Blick in die Zukunft werfen: Sie haben Ihre Wissenslücken beseitigt, Sie kennen alle wichtigen Details, Sie sind sicher in der Argumentationstechnik. Welches weitere Vorgehen planen Sie dann für die nächsten fünf Monate, um Ihren Umsatz zu erreichen?

MA: Ich werde zuerst ..., dann ... und danach ...!

TC: Bestens, einverstanden!

(Troschke/Haas, 2009, S. 173 ff.)

Fazit:

- Teamcoaching heißt, die Situation schaffen, in der die Teammitglieder das tun, was die Zielerreichung verlangt.
- Teamcoaching heißt also auch, die Teammitglieder so zu fördern und zu entwickeln, dass sie das tun können, was die Zielerreichung verlangt.
- Und letztlich heißt Teamcoaching auch, anzuerkennen und danach zu handeln, dass Humanität und Produktivität in der Wirkung untrennbar miteinander verbunden sind.

4.3 Instrumentenkoffer für den Teamcoach

Es ist immer verführerisch, den Teamcoachs konkrete Tipps zu geben, obwohl wir wissen, dass es einfache Regeln, wie „Simplify-your-Teamcoaching" oder das universelle „Best-Practice-Teamcoaching-Modell" nicht gibt. Unsere Botschaft ist daher: Jede bisher und im Folgenden geschilderte Methode und jedes Werkzeug kann hilfreich sein, aber man sollte es nicht übertreiben. Den eigenen Instrumentenkoffer mit Inhalt, die Know-how- oder Teamcoaching-To-do-Liste muss sich jeder Teamcoach selbst anfertigen. Dazu sollte er seinen gesunden Menschenverstand trainieren und sich davon leiten lassen, was *hier und jetzt* meinem Coachee, meinem Team, meinem Unternehmen am meisten hilft.

Vom Ressourcennutzer zum Potenzialentfalter

Gerald Hüther, Gehirnforscher an der Universität Göttingen, forscht darüber, was Menschen unter welchen Bedingungen lernen und wie die dabei gemachten Erfahrungen im Gehirn verankert werden. Dabei hat er herausgearbeitet, wie aus diesen Erfahrungen schließlich bestimmte innere Haltungen und Einstellungen werden, die ganz entscheidend für die weitere Persönlichkeitsentwicklung sind. Zur Veranschaulichung benutzt Hüther gerne die Geschichte von Fritzchen, der einen Mathematiklehrer hat, bei dem er Mathematik nicht begreift und jedes Mal leidet, wenn er in der Schule nach vorne gerufen wird. Bis er eines Nachts einschläft und kurz bevor er wegdämmert noch eine Eingebung hat: *Er ist einfach zu dumm für Mathematik.* Ab diesem Zeitpunkt leidet er nicht mehr, sondern sieht sich bei schlechten Noten in diesem Fach nur bestätigt. Auch als dann ein Lehrerwechsel stattfindet und der neue Lehrer sich ernsthaft bemüht, Fritzchen Mathematik beizubringen, hilft es nichts. Denn jetzt geht es nicht mehr darum, dem Lehrer das Gegenteil zu beweisen, sondern die eigenen tiefsitzenden Überzeugungen zu bestätigen. Da benötigt ein neuer Lehrer schon einen sehr langen Atem.

Diese einmal entstandenen inneren Einstellungen können günstig oder ungünstig für die weitere Entfaltung der Potenziale eines Menschen sein. Ungünstigere innere Einstellungen sind veränderbar, nicht nur bei Kindern und Jugendlichen, sondern auch bei Teammitgliedern, bis zum Ende des Arbeitslebens und sogar danach.

Hüthers Grundlage ist ein Modell der neurobiologisch-psychologischen Forschung, das die Persönlichkeit eines jeden Menschen auf vier Ebenen beschreibt:

Ebene 1

Temperament: Ausdauer, Geduld, Selbstvertrauen, Kreativität und Offenheit gegenüber Neuem, Vertrauen, Misstrauen, Pünktlichkeit, Ordnungsliebe, Zuverlässigkeit und Intelligenz sind angeboren und liegen schon vor der Geburt in großen Teilen fest. Diese Merkmale sind durch Erfahrung und Erziehung gar nicht oder nur sehr schwer zu beeinflussen.

Ebene 2

Emotionale Prägung: In den frühen Jahren der Kindheit lernen wir, was gut und lustvoll einerseits und schlecht und schmerzhaft andererseits ist. So wird festgelegt, wie wir mit Stress, Furcht, Erfolg, Unsicherheit und Risiken umgehen. Es entwickeln sich Leistungsmotivation und Ehrgeiz sowie die Abhängigkeit von Lob und Anerkennung.

Ebene 3

Bewusstes soziales Verhalten: Durch soziale Erfahrungen in der späten Kindheit und in der Jugend entwickeln sich Moral und Ethik, Empathie, Mitleid, Hilfs- und Kommunikationsbereitschaft. Es zeigt sich, welche Bedeutung das Streben nach Erfolg, Anerkennung, Ruhm, Macht, Liebe und soziale Nähe haben.

Ebene 4

Sprachliche Kommunikation: Zuletzt entwickeln wir ein Bild dessen, wer oder was wir sein wollen und wie wir gegenüber anderen erscheinen möchten. Wir lernen Selbstdarstellung und Diplomatie, aber auch Verstellung und Selbstbetrug, um voranzukommen.

„Unser Fühlen, Denken und Handeln wird von allen Ebenen beeinflusst, aber in sehr unterschiedlicher Weise. Temperament und emotionale Prägung beeinflussen uns sehr stark und sind im Erwachsenenalter gar nicht oder nur sehr schwer veränderbar. Bewusstes soziales Verhalten und sprachliche Kommunikation lassen sich zwar verändern, steuern aber unser Fühlen, Denken und Handeln nur insoweit, wie es die beiden ersten Ebenen zulassen. Sie lassen sich aneignen und trainieren und geben oft eine nützliche Fassade ab. Doch fallen sie gerade in Krisenzeiten auch schnell ab, sodass das wahre Ich (Ebenen 1 und 2) zum Vorschein kommt. Und dann sind auch anerkannte Führungskräfte nur Menschen wie du und ich." (Hüther in: Süddeutsche Zeitung, 09.07.2008)

Hüthers Rat: Lassen Sie sich nie, niemals einreden, Sie wären zu blöd für etwas, und vor allem reden Sie es sich nicht selber ein. Gehen Sie mit sich selbst und anderen offen um: Drei Dinge empfiehlt Hüther, immer in sein Leben zu integrieren und damit langfristig seine innere Haltung zu ändern: **1. Einladen:** z. B. Mitarbeiter einladen, eigene Ideen zu äußern und sie wertschätzen. **2. Ermutigen:** z. B. wenn Mitarbeiter Angst vor der eigenen Courage haben oder ihre Ideen gleich verwerfen, sie bestärken und ermutigen. **3. Inspirieren:** z. B. interessante Ideen beisteuern, Mitarbeiter mit interessanten Kollegen aus anderen Fachbereichen bekannt machen. Wenn Sie sich in dieser Haltung üben, werden Sie bei sich und anderen viele neue Potenziale entdecken und entwickeln, Sie werden zum *Potenzialentfalter.* Bei Führungskräften nennt er diese Haltung die des *supportive Leaders,* des unterstützenden Managers. (Hüther, Gerald, 2010) Wir nennen diese Haltung schlicht *Teamcoach.*

Stressige Situationen im Einzelgespräch

Verlangen Sie nicht zu viel auf einmal von sich, oft steht der eigene Perfektionismus im Wege und Sie sorgen so für Ihre eigene Frustration und für stressige Situationen im Einzelgespräch. Sowohl was den Zeiteinsatz als auch was die Gesprächsführung angeht, wollen wir Ihnen den Start erleichtern, indem wir Ihnen im Folgenden die wichtigsten „Methoden" vorstellen, wie Sie Ihre Teammitglieder als Teamcoach verstimmen können:

Tabelle 10: Wie Sie Ihren Coachee als Teamcoach verstimmen können

Klassische Fehler	**Beispiele**
1. „Abfragen" (Inquisition)	„Was macht ein guter Mitarbeiter in so einem Fall?!" ... „Genau, und warum haben Sie es nicht gemacht?"
2. Suggestivfragen	„Haben Sie denn nicht bemerkt, dass ...?"
3. Du-Botschaften	„Sie sind zu zurückhaltend."
4. „Ja, aber"-Spiel"	„Ja, aber Sie kennen doch die Deadline."
5. Vermutungen	„Wahrscheinlich waren Sie nicht genügend vorbereitet."
6. Warum-Fragen	„Warum haben Sie denn diese Lösung angeboten?!"
7. Alternativfragen: entweder – oder	„Konnten Sie oder wollten Sie nicht?"
8. Geschlossene Fragen	„Haben Sie an die oben liegende Kurbelwelle gedacht?"
9. Belehren, schulmeistern	„Denken Sie doch mal nach: Nur mit perfekten Zeichnungen kommen Sie da weiter!"
10. Vorhaltungen machen	„Niemals habe ich einen konstruktiven Beitrag von Ihnen im Meeting gehört."

Oft ist es wichtiger, darauf zu achten, wie man etwas sagt statt was man sagt. Denken Sie daran: Damit Sie ein produktives und erfolgreiches Coachinggespräch führen können, müssen Sie zunächst für ein angenehmes Gesprächsklima sorgen. Beim Coachinggespräch geht es nicht um „Rechthaben", sondern um Hilfestellung für den Coachee beim Finden eigener Lösungen oder Handlungsalternativen. Aber an diesen Punkt müssen Sie erst einmal kommen. Wenn vorher von beiden Seiten Widerstände aufgebaut werden, wird es ein kurzes Coachinggespräch.

Betrachten wir die folgenden beiden Aussagen: Sie stehen exemplarisch für zahlreiche schwierige Situationen mit zwei unterschiedlichen Verursachern.

1. Beispiel

Coachee: „Da gibt es keine Lösung, das ist eben so.“

Schwierige Situationen, die dem Teamcoach zu schaffen machen können, entstehen in erster Linie durch den Coachee und sein Abwehrverhalten.

2. Beispiel

Coach: „Ich bin mir nicht ganz sicher, ob Sie mit dieser Einstellung bei mir durchkommen?“

3. Beispiel

Coach: „Wenn Sie so weitermachen, wird Ihre Karriere bei uns sehr übersichtlich.“

Doch auch der Coach kann durch sein Verhalten, wie z. B. schnelle unüberlegte Äußerungen, Konflikte, Ängste und Widerstände beim Coachee auslösen. Der Wert von guten individuellen Coachinggesprächen liegt vor allem im Stressabbau. Wenn ein Teamcoach weiß, dass ein aus seiner Sicht eher schwieriges Teammitglied gerne in Teammeetings Widerstand zeigt und kontrovers diskutiert, dann kann er bestimmte Themen, die als „heiße Eisen“ gehandelt werden, mit ihm schon mal „vorbesprechen“ und mögliche Handlungsalternativen durchspielen. Hier bewahrheitet sich wie schon erwähnt: Vorbereitung ist die halbe Miete!

Denn wer sich gut vorbereitet fühlt, wird weniger von Stresshormonen heimgesucht, die sein Denken blockieren, und kann daher besser situativ reagieren. Durch Stress bedingt haben wir oft keinen Zugang zu unseren Ressourcen. Woran liegt das?

- Unsere Veränderungsbereitschaft ist unterschiedlich hoch ausgeprägt. Viele Menschen sind vorsichtig, skeptisch gegenüber Neuem und wollen keine Fehler machen. Daher kehren sie schnell auf ihr bekanntes und wohlvertrautes Terrain zurück.
- Viele erkennen nicht den Nutzen von Teamwork und rebellieren innerlich gegen ständig neue Methoden und Vorgaben, die sich vermeintlich weltfremde Teamcoachs einfallen lassen.
- Einige haben das Gefühl, ihnen wird etwas übergestülpt, bei dem sie ihre Persönlichkeit verbiegen müssen. Ihre Grundsätze und ihr Wertesystem werden nicht berücksichtigt.

- Andere wiederum sind positiv gegenüber Neuem eingestellt, probieren neue Anregungen und Tipps aus, fallen damit bei ersten Gehversuchen auf die Nase und kehren reumütig zu ihrer alten Vorgehensweise zurück.

Teamcoachs kommen häufig zu dem Schluss, sie hätten schon so viel in ihre Teammitglieder investiert, aber diese wären einfach veränderungsresistent. Es gibt einen Weg, kontinuierlich die Teamfähigkeiten der Teammitglieder zu fördern, den Stress abzubauen und die potenzielle Widerstandsbereitschaft zu reduzieren. Der Teamcoach kann:

- herausfinden, was der Coachee wirklich meint.
- erspüren, was hinter und zwischen den Worten mitschwingt.
- die eigentliche Aussage des Coachees erfassen.
- den Coachee aus seinem Bezugssystem, seinen Wertvorstellungen und seinen Erwartungen heraus verstehen.
- ermutigen und Skepsis abbauen.
- den Nutzen und die Vorteile für den Coachee herausarbeiten.
- Maßnahmen in „homöopathische“ Dosen herunterbrechen und dadurch Erfolgserlebnisse fördern.

Stressige Situationen zu Beginn des Coachinggesprächs

Im Folgenden beschreiben wir Situationen, die entstehen können, wenn Sie *offen* coachen, d. h., Sie nennen es Coaching und vereinbaren mit Ihren Mitarbeitern bewusst Coachinggespräche. In manchen Unternehmenskulturen und Organisationen ist dieser Begriff eher unbekannt oder wird belächelt, denken Sie etwa an einen mittelständischen Handwerksbetrieb. Dort empfehlen wir, lediglich den Führungsstil eines Teamcoachs einzunehmen und auf Begrifflichkeiten zu verzichten: statt „ich möchte mit Ihnen ein Coachinggespräch führen ...“ → „ich würde gerne mit Ihnen über ... sprechen.“

Die meisten Schwierigkeiten tauchen zu Beginn des Coachingprozesses auf, wenn der Coachee noch nicht einschätzen kann, was ihn dabei erwartet. Manche entstehen auch aus einem Fehlverhalten des Coachees.

1. Der Coachee lehnt das Coaching generell ab.

- Nachfragen, was genau ihn stört.
- Sein Verständnis von Coaching hinterfragen.
- Coaching-Begriff klären.
- Angebot, es einmal auszuprobieren, und danach zu entscheiden, ob er weiter gecoacht werden will.

2. Der Coachee versteht nicht, warum er gecoacht werden soll.

- Nachfragen, was er damit konkret meint.
- Ziele und Nutzen des Coachings verdeutlichen.
- Erwartungen an Sie als Coach klären.

3. Der Coachee sieht Coaching als unnötig an („Ich bringe doch meine Leistung.“).

- Erklären, dass Coaching keine „Nachhilfe“ oder Strafmaßnahme ist.
- Vergleich mit Spitzensportlern, die sich coachen lassen, um weiter unter den Ersten zu sein.
- Positive Beispiele nennen, wie gute Mitarbeiter noch dazulernen können.

4. Der Coachee äußert große Angst.

- Ernst nehmen.
- Wertschätzung des Sich-Anvertrauens.
- Nachfragen, was ihm so große Angst bereitet.
- Fragen, worin der Coach unterstützen kann.
- Ressourcen aktivieren: nach herausfordernder Situation fragen, die der Coachee erfolgreich gelöst hat. Wie hat er das geschafft? Was genau hat er gemacht?

5. Der Coachee befürchtet einen Eintrag in die Personalakte.

- Differenzieren, was Coaching ist, was es nicht ist.
- Klar Stellung beziehen: Coachingprozess kommt nicht in die Personalakte.
- Dokumentation des Prozesses besprechen. Coaching kann, wenn es regelmäßig stattgefunden hat, durchaus in die Beurteilung mit einfließen. Es ist sogar ehrlicher als eine punktuelle Beurteilung aus der Ferne.

6. Der Coachee begegnet Ihnen mit negativen Gefühle und einem Schutzwall von Abwehrmechanismen.

Negative Gefühle oder eine gewisse emotionale Anspannung können sich während eines Coachinggesprächs, das nicht gerade optimal verläuft, beim Coachee einstellen. Zudem führt die hierarchische Abhängigkeit vom Teamcoach zu Ängsten vor Konsequenzen, vor weiteren unangenehmen Gesprächen oder Überreaktionen. Ob der Coachee sich ohnmächtig fühlt oder Angst hat, sein Selbstbild könnte korrigiert werden, dies alles führt zu einem Schutzwall von Abwehrmechanismen, der vom Coach erst bewältigt werden muss, bevor konstruktive, weiterführende Lösungen entwickelt werden können.

In besonders schwierigen Fällen, wenn Sie als Coach merken, Sie kommen mit allen bisher dargestellten Coaching-Methoden nicht weiter, denn Ihr Coachee hat ein bestimmtes Selbstbild und beharrt auf seiner Sichtweise als der einzig wahren, wechseln Sie ins **Feedback.** Schildern Sie ihm Ihr Fremdbild aus Ihrer Perspektive.

Oft jedoch hat das Abwehrverhalten mit unserem eigenen Verhalten als Teamcoach zu tun und wir bekommen nur den Spiegel vorgehalten, wenn sich der Coachee wehrt.

Vermeidung von Enttäuschung

Eine kleine Warnung möchten wir an dieser Stelle zu Ihrem Schutz vor Frustration aussprechen. Ebenso wie für Ihre Mitarbeiter das Coaching anfangs möglicherweise Stress auslösen wird, so kann das auch bei Ihnen der Fall sein.

Normalerweise bewegen wir uns in unserer „Komfortzone", dieser Bereich ist uns vertraut und bekannt. Wann immer wir Neues lernen und zum Beispiel neues Verhalten ausprobieren, entsteht eine leichte Anspannung. Wir bewegen uns aus unserer Komfortzone heraus in die „Stretchzone". Nun passiert Folgendes: Wir strecken und recken uns im wahrsten Sinne des Wortes. Wenn wir dann mit unserem Verhalten erfolgreich sind, freuen wir uns, eine natürlich Erweiterung (Stretch) unserer Komfortzone findet statt und der Handlungsspielraum, in dem wir uns wohl und sicher fühlen, ist größer geworden.

Es kann aber auch passieren, dass wir mit unserem ungewohnten Verhalten unsere Mitarbeiter irritieren, diese vielleicht vermuten, es sei das Ergebnis eines Seminarbesuchs und man müsse nur abwarten, bis der „Anfall" vorüber ist. Wenn also das Feedback eines Coachees Ihnen gegenüber oder eines Kollegen dem Coachee gegenüber negativ ausfällt, zieht sich der weniger erfahrene Teamcoach schnell in seine Komfortzone zurück.

Eingedenk dieser ganz normalen Reaktion können Sie als Teamcoach Ihren Coachee fördern, indem Sie nicht zu viel auf einmal verlangen. Achten Sie auf kleine, machbare Schritte und erwarten Sie nicht die 100-Meter-Bestzeit. Dies gilt aber auch für Sie selbst!

Nehmen Sie sich anfangs nicht zu viel vor und beginnen Sie nicht mit Ihren „härtesten Brocken".

Sie brauchen Übung und Erfahrung bei der Gestaltung der Coachingprozesse. Planen Sie deshalb Ihren Coachingprozess so, dass Sie sukzessive mit wohlwollenden Teammitgliedern und einfacheren Gesprächen beginnen und sich dann steigern. Freuen Sie sich über Empfehlungen von positiv gestimmten Teamkollegen, denn sie sind für die Annahme des Coachings Gold wert und sparen Ihnen eine Menge Überzeugungsarbeit bei den skeptischen Teamkollegen.

Um den „Stretch"-Prozess zu fördern, ist es wichtig, Erfolge zu feiern und Misserfolge vernünftig einzuordnen. Nach jeder Anspannungssphase sollte eine Entspannungssphase folgen. Achten Sie daher darauf, dass Sie – wie bei der Besteigung eines hohen Berges – immer wieder Pausen zur Regeneration und Anpassung einlegen, bevor Sie die nächste Stufe in

Angriff nehmen. Wenn Sie ein Coach-Tagebuch mit „Lessons learned“ anlegen, zeigt es Ihnen binnen kurzer Zeit deutlich, welche Fortschritte Sie gemacht haben. Wenn Sie nun in eine schwierige Situation geraten, kann der Übergang in die „Stress-Zone“ erfolgen.

Eventuell haben Sie schon einmal ein Blackout in einer stressigen Situation oder Prüfung gehabt, obwohl Sie vielleicht alles wussten oder gut vorbereitet waren. Aber das klare Denken ist durch die Flutung von Adrenalin vorübergehend ausgeschaltet, der Zugang zu den eigenen Ressourcen versperrt. Bleiben Sie selbst in Balance und überfordern Sie sich nicht. Auch für Sie gilt: Fehlertoleranz. Keiner erwartet von Ihnen, dass Sie Teamcoaching sofort perfekt beherrschen und alles richtig machen (außer vielleicht Ihr innerer Antreiber ist ein Perfektionist). Bei allem positiven Denken und guten Coachingabsichten gilt daher als oberstes Gebot:

Bieten Sie sich und Ihrem Coachee Chancen, sich zu „stretchen“, aber schützen Sie sich wie ihn vor dauerhaftem Stress. Denn Coaching sollte Ihnen vor allen Dingen Spaß machen und Sie stolz auf die positive Entwicklung Ihrer Mitarbeiter machen!

Teamcoaching ist ein wunderbares Instrument der Mitarbeiterführung und -entwicklung. Nutzen Sie es ab jetzt! Der folgende Fragencheck hilft Ihnen bei der Planung.

☑ Fragencheck zur Planung und Umsetzung von Coaching

- ✓ Welches realistische Ziel für das Coaching meiner Mitarbeiter nehme ich mir vor?
- ✓ Wann will ich meine Mitarbeiter über Coaching informieren?
- ✓ Was ist dafür zu tun/organisieren?
- ✓ Wer kann mich dabei unterstützen?
- ✓ Wen will ich zuerst coachen?
- ✓ Wo sind meine Stärken als Coach?
- ✓ Worauf will ich achten?
- ✓ Womit belohne ich mich nach meinem ersten Coaching?

Setzen Sie all Ihr Können (Kräfte) ein und eröffnen Sie sich und Ihren Teammitgliedern neue Perspektiven und Erfolgschancen.

4.4 Fettnäpfchen und Tipps für die Praxis

Teammitglieder gezielt fördern

Wenn Sie Teammitglieder zu überdurchschnittlichen Leistungen motivieren wollen, müssen Sie sie gezielt fördern. Dabei geht es nicht so sehr um Weiterbildung, sondern vielmehr um die Frage, wie sich die Betreffenden durch ihre Arbeit weiterentwickeln können. Das könnte z. B. durch eine Erweiterung des Kompetenzrahmens geschehen oder indem Sie neue, herausfordernde Aufgaben an die entsprechende Person delegieren. Hier helfen Ihnen die individuellen Coachinggespräche, bei denen dann Ihr Feedback über die neue Aufgabe und deren Bewältigung im Mittelpunkt stehen kann. Mit diesem Coachingansatz können Sie persönliche Stärken herausarbeiten und Schwächen ausgleichen. Das ist für Mitarbeiter mit entsprechendem Potenzial, Interesse und Eigeninitiative ein erheblicher Motivator für die Erbringung überdurchschnittlicher Leistung.

Beziehungen

Oftmals kommt gute Teamarbeit einfach nicht zustande, weil die Mitarbeiter ihrem Teamcoach nicht vertrauen oder sich ihm nicht anvertrauen können. Sie sind ängstlich oder die Coachinggespräche verlaufen oberflächlich oder unsensibel. Gute Coachingarbeit erzeugt hochwertige Beziehungen. Ein Anzeichen schwach ausgeprägter Beziehungen ist z. B., dass der Teamcoach zunehmend vom Team isoliert wird, weil sie an ihm Offenheit und Ehrlichkeit vermissen und er sich nicht in dem von ihnen gewünschten Maß für sie einsetzt. Sorgen Sie dafür, dass persönliche Beziehungen durch Zusammenarbeit und Vertrauen gekennzeichnet sind und die Teamkollegen sich gegenseitig helfen, wann immer möglich.

Mitarbeiter zum Erfolg coachen

Das Schlechteste, was ein Teamcoach tun kann, ist, tagelang am Schreibtisch zu sitzen, Meetings zu planen oder Zielvorgaben zu formulieren. Erfolgreiche Teamcoachs verbringen den Großteil ihrer Zeit mit ihren Teammitgliedern. Sie unterstützen die Teammitglieder dabei, Spitzenleistungen zu erbringen. Haben Ihre Mitarbeiter Erfolg, haben Sie ihn „ganz automatisch" auch. Sie sind weniger Führungskraft, vielmehr Begleiter und Berater auf dem Weg zu den vereinbarten Zielen des Mitarbeiters. Das wiederum erfordert einen individuellen Zugang zum Coachee. Ihr Engagement ist darauf ausgerichtet, die persönlichen Kompetenzen des Coachees zu stärken und seine Kompetenzlücken durch individuelle Coachinggespräche, Entwicklungspläne und Fördermaßnahmen zu schließen. Coaching heißt, sich voll und ganz mit einem Mitarbeiter auf eine Wellenlänge zu begeben und auf der Persönlichkeitsebene und Verhaltensebene eng mit ihm zusammenzuarbeiten.

Entwicklungspotenzial erkennen – den richtigen (be)fördern

Nichts ist für einen Teamcoach verheerender als die Beförderung des vermeintlich Falschen. Wie erkennen Sie aber, wer innerhalb des Teams das größte Entwicklungspotenzial hat, wer also der Richtige ist?

Sie erkennen es an Merkmalen, wie:

1. Große Einsatzbereitschaft, schneller, mehr, besser in der Ergebnisorientierung und frustrationstolerant.
2. Offenheit, auch mit fremden Themen umzugehen und diese unter betriebswirtschaftlichen Aspekten zu priorisieren.
3. Aktivposten für Meetings und Besprechungen, gibt Anregungen, auch Mut zu kritischen Fragen, Perspektivwechsel, hat eigene Standpunkte, die er auch begründen kann.
4. Ist bereit, Verantwortung zu übernehmen und andere mit ins Boot zu holen.
5. Andere akzeptieren ihn als Sprecher, er besitzt eine natürliche Autorität.

Die oben aufgelisteten fünf Merkmale sind untrügliche Zeichen für Enwicklungspotenzial, die transparent und für andere Teammitglieder ebenfalls ersichtlich sind, womit eine eventuelle Aufgaben- und Verantwortungserweiterung (Beförderung) für alle nachvollziehbar wäre.

Teamkrise als Chance

Trotz aller Widrigkeiten eröffnet jede Teamkrise auch Wege zu neuem Denken und mehr Handlungsspielraum. Die „Krise als Chance“ ist keine abgedroschene Phrase, sondern – wie so viele Lebensweisheiten – ein Grundsatz des Lebens.

1. Wechseln Sie gemeinsam mit Ihren Teammitgliedern die Perspektive.
2. Erarbeiten Sie mit Ihren Teammitgliedern neue Lösungspläne für Ihren Bereich. Erörtern Sie aber auch in persönlichen Coachinggesprächen, welche Chancen die Krise für jeden Einzelnen eröffnen kann.
3. Schaffen Sie emotionale Sicherheit. Nehmen Sie Ihr Team in die Pflicht. Sagen Sie ihm klar und deutlich, dass Sie auf das Team zählen. Bitten Sie Ihr Team um Loyalität und Unterstützung nach dem Motto: „Wir sitzen alle in einem Boot und nur gemeinsam können wir es schaffen.“ Wenn Sie jedem Einzelnen das Gefühl geben können, dass er für das Team und den Unternehmenserfolg wichtig ist und gebraucht wird, schaffen Sie Zusammenhalt, Vertrauen und Zuversicht – die beste Basis für die Bewältigung einer Krise.
4. Machen Sie Ihr Team auf noch so kleine Fortschritte aufmerksam und darauf, was bereits gut funktioniert. Die Realisierung der neuen Entwicklung nach dem Motto „Wir machen weiter, aber anders!“ spornt zu weiterem Engagement an. Und: Neue Perspektiven mildern die Angst vor einem Arbeitsplatzverlust. Voraussetzung ist: Sie selbst sind sicher und Ihr Management steht hinter Ihnen.

Immer offen für Anregungen Ihrer Mitarbeiter bleiben

Lassen Sie sich nicht dazu verleiten, die Ideen engagierter Teammitglieder konsequent abzublocken. Wenn Sie das übertreiben, wird bald kein Teammitglied mehr eine „gute Idee“ haben, denn „es hat ja sowieso kein Zweck“. Die Kreativität Ihrer Mitarbeiter ist eine der wichtigsten Ressourcen in Ihrem Team, auf die Sie immer gerne zurückgreifen sollten. Ihre Mitarbeiter brauchen die Freiheit zum Mitdenken. Damit stärken Sie deren Selbstwertgefühl und erhöhen deren Leistungsbereitschaft. Das ist doch das Ziel Ihrer Coachinggespräche, oder!?

Zu viel Eigeninitiative

Viele Personalentwicklungskonzepte setzten den Fokus in der Vergangenheit einseitig auf die Mitarbeiter. Sie sollten ihre Fähigkeit entwickeln, unternehmerisch zu denken und zu handeln. Übersehen wurde, dass auch ihre Vorgesetzten die Fähigkeit entwickeln müssen, Mitarbeiter unternehmerisch denken und handeln zu lassen. Vernachlässigt wurde zudem, dass es sich hierbei nicht nur um eine Frage individueller Kompetenzen handelt, sondern auch um die der Unternehmenskultur geht, und genau da wird es schwierig.

Das ist kein Zufall. Viele Betriebe erwarteten jahrzehntelang primär von ihren Mitarbeitern, dass sie die ihnen übertragenen Aufgaben erfüllen. Das taten sie dann auch. Völlig ungewohnt ist es jetzt für sie, als Teammitglied, am Arbeitsplatz, eigenständig Entscheidungen zu treffen. Schließlich wurden ihnen in der Vergangenheit die Entscheidungen von ihren Chefs wörtlich „abgenommen".

Entsprechend hilflos reagieren sie nun, wenn vom Teamcoach plötzlich gefordert wird: Entscheide selbst! Speziell dann, wenn diese Entscheidungen Auswirkungen auf das Team und andere Bereiche haben. Schließlich lautete eine unausgesprochene Vorgabe in der Vergangenheit: Erfüllt eure Aufgaben und mischt euch nicht in fremde Kompetenzbereiche ein. Folglich ist die Angst bei vielen Teammitgliedern groß, anzuecken und sanktioniert zu werden, wenn sie mehr Eigeninitiative und -verantwortung zeigen. Diese Angst können und sollten Sie nehmen, indem Sie erstens ein fehlertolerantes Klima aufbauen, d. h. keinem, der einen Fehler begeht, den „Kopf abschlagen", denn schließlich machen Sie vermutlich auch Fehler und wollen nicht, dass man Ihren Kopf abschlägt. Und zweitens können Sie sowohl in Ihren Teammeetings und in Einzel-Coachinggesprächen Ihren Teammitgliedern Mut machen, eigenverantwortlich Entscheidungen zu treffen.

Meine Erkenntnisse in diesem Kapitel:

Was kann ich tun, um diese Erkenntnisse für mich, mein Team und mein Unternehmen nutzbar zu machen?

Ab wann werde ich beginnen?______________________________

5. Was tun, wenn's brennt? Umgang mit Einfluss, Macht und Widerstand

Sollten Sie nach der Lektüre der vorangegangenen vier Kapitel nun den Eindruck gewonnen haben, dass sich mit Teamcoaching alle Probleme, Aufgaben und Schwierigkeiten in Wohlgefallen auflösen, so müssen wir Sie jetzt enttäuschen. Wie zu erwarten, gibt es auch in Ihrem Team die zuvor besprochene Teamdynamik. Daraus können schwierige Situationen und Aufgabenstellungen resultieren, deren häufigste wir nachfolgend behandeln und zu denen wir Ihnen einige Impulse/Instrumente liefern werden, um für diese Fälle etwas besser gewappnet zu sein.

In schwierigen Situationen ist es wichtig, dass einer die Richtung vorgibt. Zeit für lange Diskussionen, z. B. wenn's brennt, haben Sie ohnehin nicht, da gilt es, rasche Entscheidungen zu treffen. Machen Sie also in Ihren Teammeetings deutlich, dass in kritischen Situationen bestimmte Dinge zügig von Ihnen entschieden werden. Damit werden Sie wohl eher nur den unselbstständigen Teil des Teams motivieren können, denn die selbstständig denkenden und verantwortungsbewussten Teammitglieder wollen anders gefordert und geführt werden.

Was ist vorher zu tun?

1. Fallstricke erkennen und vermeiden
2. Umgang mit Emotionen und Spannungsfeldern üben
3. Erst zuhören und erkennen, dann handeln
4. Die Gefahr der schnellen Lösung erkennen
5. Wer steht im Fokus: Einzelperson oder System?
6. Wer profitiert bisher vom gegenwärtigen Zustand?
7. Achten Sie auf Projektion, Übertragung und Gegenübertragung, persönliche Betroffenheit.
8. „Auftrags-Scheiter-Potenziale" erkennen
9. Lösbare von unlösbaren Coaching-Aufträgen unterscheiden
10. Notbremsung: Abbruch des Coachings

Die Spreu wird im Teamcoaching vom Weizen getrennt durch den gekonnten Umgang mit schwierigen Situationen. Man könnte es auch die „Königsdisziplin" im Coaching nennen. Ungemein hilfreich ist, wenn Teamcoachs das Unerwartete vorausbedenken. Das klingt paradox, aber es ist möglich, bei genügend Übung, Praxis und angemessener Vorbereitung. Es ist wie mit Murphys Gesetzen, es wird passieren.

5.1 Konflikte im Team annehmen und lösen

„Im Gegensatz zu einem weit verbreiteten Mythos zeichnen sich gute Teams nicht durch die Abwesenheit von Konflikten aus. Im Gegenteil – ich habe die Erfahrung gemacht, dass ein erkennbarer Ideenkonflikt der verlässlichste Indikator für ein ***lernendes Team*** *ist. Im herausragenden Team wird der Konflikt zu etwas Produktivem ... Der freie Fluss von widersprüchlichen Ideen ist von entscheidender Bedeutung für ein kreatives Denken, für die Entdeckung neuer Lösungen, zu denen der einzelne Mensch nie vorstoßen könnte. Der Konflikt wird also zu einem Bestandteil des fortlaufenden Dialogs." (Senge, 1996, S. 303)*

Es scheint also etwas ganz Natürliches zu sein, dass dort, wo es Menschen gibt, auch Konflikte existieren. Zumindest gilt: Wo ein Team ist, ist der Konflikt nicht weit. Dies ist nicht nur eine überaus realistische Einschätzung, sondern oft sogar der Nährboden für eine kreative Auseinandersetzung. Wichtig ist dennoch zu bedenken, dass, wenn der Konflikt nicht in die gewünschten kreativen Bahnen gelenkt wird, er ein Hemmschuh für die Weiterentwicklung eines Teams werden kann. Ein überaus populäres Konfliktmodell heißt „Sieg oder Niederlage", gerade so, als würden wir in einer binären Welt leben: 0 oder 1, richtig oder falsch, schwarz oder weiß; und was ist mit den vielen Graustufen oder wenn noch Farbe ins Spiel kommt? Zugegeben, eine binäre Weltsicht vereinfacht ungemein, ist aber nicht immer zielführend oder von Erfolg gekrönt.

Konflikte können auf vielfältige Weise angegangen werden, sodass alle Beteiligten zu den „Gewinnern" gehören. Entscheidend ist die innere Haltung, mit der wir Konflikten begegnen. Es gilt, das eigene Konfliktmuster zu erkennen, zwischen Menschen und Problemen zu unterscheiden und zwischen deren Bedürfnissen und Positionen.

Konflikte auf der Sach- und/oder Beziehungsebene

Konflikte entstehen im günstigen Fall auf der Sachebene, weil man sich über die gemeinsamen Ziele nicht einig werden konnte. Diese Konflikte sind noch am einfachsten zu lösen, da über sachliche Argumente eine Einigung gefunden werden kann.

Bei **Konflikten auf der Sachebene** geht es beispielsweise um

- Zielvereinbarungen,
- Aufgabenverteilung,
- Nutzung von Ressourcen oder
- Arbeitsabläufen.

Schwierig wird es, wenn es sich um versteinerte und nur halbherzig ausgetragene Konflikte auf der Beziehungsebene handelt, da hier sehr oft kaum durchschaubare Prozesse ablaufen.

Folgende **Konfliktursachen auf der Beziehungsebene** kann es geben:

- Streit zwischen Teammitgliedern
- Gesteigertes Harmoniebedürfnis
- Entscheidungsschwäche des Teams oder Teamcoach
- Gegenseitige Behinderung
- Gezielte Falschinformation
- Ungeklärte Zuständigkeiten
- Übervorsichtige Verhandlungsführung
- Verschleppungsstrategien
- Konkurrenz und Neid
- Cliquenwirtschaft
- Teamcoach ist schwach und unfähig, das Team zu führen
- Einzelne Teammitglieder schießen quer oder ziehen nicht mit
- Die Chemie zwischen den Teammitgliedern stimmt nicht
- Alpha-Tier und Omega-Huhn
- usw.

Welche Konsequenzen das haben kann, zeigt das folgende extreme Beispiel:

Beispiel: Parallelarbeit im Unternehmen

Ein großes Elektronikunternehmen stellte eines Tages fest, dass zwei Abteilungen zwei Jahre lang an demselben Projekt gearbeitet haben – ohne voneinander zu wissen! Konflikte auf Abteilungsebene und darüber hatten dazu geführt, dass die Kommunikation immer mehr abnahm, bis sie ganz versiegte. Keiner wusste mehr, was die andere Abteilung machte. Mehrere „Personenjahre" waren umsonst investiert.

Der Konflikt wurde hier nicht ausgetragen, sondern es herrschte „kalter Krieg". Die andere Abteilung war der Gegner. Man verschwor sich innerhalb seiner Abteilung, von den anderen erfuhr man nichts und schottete sich seinerseits ab. Der Schaden für das Unternehmen ging in die Millionenhöhe und für die Menschen war die Enttäuschung groß.

Wer gut miteinander auskommen will, muss lernen, sich konstruktiv zu streiten. Ununterbrochene Harmonie wäre langweilig und unerträglich. Unterschiedliche Meinungen und Interessen machen das Leben reizvoller und bieten eine Chance zur Veränderung und Weiterentwicklung. Konflikte zu erkennen und zu lösen, ist eine besondere Herausforderung für einen

Teamcoach. Im Folgenden werden Methoden und Werkzeuge des Konfliktmanagements vorgestellt, die von Teamcoachs mit disziplinarischer Macht, aber auch von Teamcoachs ohne diesen Status eingesetzt werden können.

Bedenken Sie dabei: Immer beeinflusst Ihre eigene Persönlichkeit die Art und Weise, wie Sie Konflikte behandeln. Beurteilen Sie also im Vorfeld selbst, wie Sie bislang mit Konflikten umgegangen sind und was das für die Zusammenarbeit im Team bedeuten könnte.

Nicht jede *Meinungsverschiedenheit* ist ein Konflikt. Erst wenn sich die Konfliktparteien mit keinerlei Argumenten überzeugen lassen, ihnen die Sache persönlich wichtig ist und auch Emotionen eine Rolle spielen, wird sie zum Konflikt. Insofern sollten Konflikte nicht herbeigeredet, aber auch nicht ausgeblendet werden.

Konfliktlösungsstrategien

Um **Konflikte in einem Team zu lösen**, sind folgende Aspekte wichtig:

- Konfliktpotenziale sollten identifiziert werden, um möglichen Konflikten vorzubeugen.
- Mögliche Konflikte sollten frühzeitig erkannt werden.
- Konflikte, ihre Ursachen und Zusammenhänge müssen verstanden und richtig interpretiert werden.
- Es muss geprüft werden, auf welchen Wegen Lösungen entwickelt werden können, um die Konflikte auszuräumen.

An dieser Stelle können Sie als Teamcoach auf die zu Beginn der Zusammenarbeit gemeinsam aufgestellten Spielregeln zurückgreifen. Nun erleben die Spielregeln den Praxis- oder Belastungstest. Auch können Sie jetzt von den Ergebnissen Ihrer Teammeetings und individuellen Coachinggespräche mit den einzelnen Teammitgliedern profitieren, in denen Sie über Rollenerwartungen, Einstellung zur Arbeit, Aufgabenverteilung etc. gesprochen haben.

Die aufgestellten Arbeits- und Terminpläne tragen dazu bei, dass den Konfliktparteien klar ist, wie Aufgaben und Ressourcen zugeteilt wurden und was von wem bis wann erwartet wird. Vorausgesetzt, dass sie „handwerklich sauber und korrekt" gestaltet und erarbeitet wurden.

Dennoch lassen sich nicht alle Konflikte damit ausräumen. Die Emotionen der Mitarbeiter und ihre gegenseitigen Sympathien und Antipathien lassen sich nicht in Regeln zwängen. Hier helfen Wertschätzung, Toleranz und Verständnis für den jeweils anderen. Inwieweit das gelebt werden kann, hängt sowohl von den einzelnen Teammitgliedern als auch von der Teamkultur und Ihrem Verhalten als Teamcoach ab. Sie sind Vorbild. Investieren Sie also immer auch in die vertrauensvolle Zusammenarbeit.

Achten Sie bei der Zusammenarbeit mit Ihren Teammitgliedern auf Signale, die Konflikte andeuten. Das können Konflikte sein, die die Mitarbeiter mit Ihnen austragen oder die untereinander bestehen. Typisch sind dann: heftige Diskussionen, pauschale und persönliche Vorwürfe, negatives Reden übereinander, üble Nachrede oder offene Angriffe.

Wenn Sie solche Signale erkennen, sollten Sie umgehend aktiv werden, denn Sie werden von Ihrem Team (immer) beobachtet und haben daher drei Möglichkeiten zu reagieren.

1. Sie erkennen den Konflikt nicht und werden demzufolge von den Teammitgliedern als „blinder" Teamcoach eingestuft.

2. Sie erkennen den Konflikt, unternehmen aber nichts und werden von Ihren Teammitgliedern als „schwacher" Teamcoach eingestuft.

3. Sie erkennen den Konflikt und werden umgehend aktiv. Das bedeutet für Ihr Team, dass sie weder blind noch schwach sind, sondern den Konflikt aufgreifen und einer Lösung zuführen.

Nur die letztgenannte Verhaltensvariante gereicht Ihnen zum Vorteil und lässt Sie als Führungskraft mit Führungs-Kraft erscheinen.

Sprechen Sie daher umgehend mit den betroffenen Personen, fragen Sie nach deren Meinung und Einstellung. Erst dann können Sie beurteilen, ob tatsächlich ein Konflikt vorliegt. Reden Sie Konflikte nicht herbei, aber kehren Sie diese nicht unter den berühmten Teppich. Jeder nicht gelöste Konflikt verursacht unter dem Teppich eine „Beule", über die dann entweder Sie oder Ihr Team stolpern.

Je früher Sie „einsteigen" und sich um das Problem kümmern, umso schneller finden Sie eine Lösung, umso leichter fällt es Ihnen, die Konfliktdynamik zu unterbrechen. Je später Sie sich um den Konflikt kümmern, umso schwieriger und langwieriger wird die Lösung und meistens auch teurer.

Folgende **Checkliste** kann Ihnen helfen – anhand ganz konkreter Konfliktindikatoren – herauszufinden, in welchem Stadium sich Ihr Konflikt mit dem Mitarbeiter befindet.

☑ Checkliste: Konflikteskalation

Konfliktindikatoren	**Trifft voll zu**	**Trifft zu**	**Trifft weniger zu**	**Trifft nicht zu**
Die Kommunikation wird steifer und förmlicher				
Bei Problemen entwickeln sich zunehmend unterschiedliche Ansichten				
Die Beteiligten zeigen ihre Frustration				
Es wird über Kleinigkeiten gestritten				
Es wird mehr nach Schuldigen statt nach Lösungen gesucht				
Die Beteiligten berufen sich verstärkt auf Arbeitsplatzbeschreibungen und Chefentscheidungen				

Machen Sie sich neben der o. e. Checkliste ein umfassendes Bild von der Konfliktsituation, schauen Sie sich „beide Seiten der Medaille" an. Folgende Fragen sind besonders nützlich:

- Wer ist beteiligt?
- Was ist der Konfliktgegenstand?
- Woran macht sich der Konflikt fest?
- Welche Konfliktsignale haben sich gezeigt?
- Wie hat sich der Konflikt bislang entwickelt?
- Gibt es eine längere Geschichte dazu?
- Warum hat sich der Konflikt nicht gelöst?
- Was sind die Interessen der Konfliktparteien?
- Was sind die Positionen der Konfliktparteien?
- Was wurde bisher schon unternommen?
- Wie ist das bisherige Ergebnis?
- Was wurde bisher unterlassen?
- Was wäre für alle Konfliktpartner die schlechteste Lösung?
- Was wäre für alle Konfliktpartner die beste Lösung?

Für eine Konfliktlösung existieren viele Methoden und Verfahren. Im einfachsten Fall handelt es sich nur um ein Missverständnis. Um das zu erkennen und auszuräumen, müssen klärende Gespräche geführt und die notwendigen Informationen ausgetauscht werden. Manchmal sind auch nur die Erwartungen unklar. Dann sollten diese ebenfalls transparent gemacht und gegebenenfalls in „neue“ Spielregeln für die Zusammenarbeit überführt werden.

Häufige Überschreitungen einer Spielregel sind oft ein Beweis dafür, dass die Spielregel im Team überarbeitet und den neuen Gegebenheiten angepasst werden sollte.

Oberste Richtschnur bei allen Konfliktgesprächen ist, dass diese Gespräche möglichst sachlich verlaufen, gut moderiert werden und die Ergebnisse und Erkenntnisse schriftlich festgehalten werden. Wenn es sich um einen handfesten Konflikt handelt, muss eine Lösung ausgehandelt werden, sodass das Projekt und die Zusammenarbeit nicht gefährdet werden.

Es gibt leicht anwendbare Strategien, Verfahren oder Verhandlungstechniken, die sich in der Praxis bewährt haben:

1. Tandem-Workshops
2. Harvard-Konzept
3. Konfliktmediation

Tandem-Workshops

Wenn Sie merken, dass sich ein klassischer Konflikt in Ihrem Team anbahnt, initiieren Sie Tandem-Meetings oder Tandem-Workshops. Bringen Sie die beiden Konfliktparteien in kleinen Runden (evtl. nur Stellvertreter) jeweils an einen Tisch. Moderieren Sie die Meetings so, dass beide Seiten ihre Ideen einbringen können und gemeinsam Lösungen gesucht werden.

Wenn der Konflikt schon eine hohe Eskalationsstufe erreicht hat, z. B. man spricht nur noch das Notwendigste miteinander oder man wertet sich gegenseitig ab, beispielsweise als „Servicefuzzi“, „Tippse“, „Telefon-Mieze“, „Vertriebsgockel“ etc., dann sollten Sie eine der Eskalationsstufe angemessene Konfliktlösungsmethode wählen.

Harvard-Konzept als Konfliktlösungsstrategie

Das Harvard-Konzept beruht auf folgenden vier *Grundaspekten:*

1. Menschen und Probleme getrennt voneinander behandeln.
2. Nicht Positionen, sondern Interessen in den Mittelpunkt stellen.
3. Vor der Entscheidung verschiedene Wahlmöglichkeiten entwickeln.
4. Das Ergebnis auf objektiven Entscheidungskriterien aufbauen.

Vorgehen nach dem Harvard-Konzept

A) Konfliktanalyse

1. Welche Interessen haben Sie? (Verhandlungsgegenstand, Beziehung)
2. Welche Interessen hat/haben der/die Verhandlungspartner?
3. Was ist Ihre BATNA? (Best Alternative to Negotiated Agreement)
4. Was ist die BATNA Ihres Verhandlungspartners?
5. Finden Sie objektive Kriterien zur Beurteilung der Verhandlungsalternativen.

B) Angenehmes Verhandlungsklima schaffen

1. Zuhören!
2. Erkennen Sie die Argumentationspunkte ihrer Verhandlungspartner an!
3. Erkennen Sie die Autorität ihrer Verhandlungspartner an!
4. Zustimmen, wo es nur geht!
5. Nicht argumentieren!

C) Verändern Sie das Spiel und den Rahmen

1. Nicht argumentieren, sondern offene Fragen stellen: Was spricht für ...?, Was spricht dagegen ...?, Was halten Sie von ...?, Was ist daran fair ...?
2. Umgehen Sie Mauern und interpretieren Sie diese als Wunsch.
3. Ignorieren Sie Angriffe.
4. Deuten Sie Angriffe auf Ihre Person als Argumente für die Problemstellung um.
5. Deuten Sie alle Angriffe als Versuch, mit dem Problem umzugehen.
6. Stellen Sie Problemlösungsfragen: Welche Gründe sprechen für ...?, Was würden Sie an meiner Stelle tun?
7. Lassen Sie sich von Ihren Verhandlungspartnern über das Problem etwas beibringen!

D) Bauen Sie eine goldene Brücke

1. Fragen Sie nach den Ideen Ihrer Verhandlungspartner und bauen Sie auf diese Ideen!
2. Fragen Sie nach konstruktiver Kritik.
3. Befriedigen Sie Interessen.
4. Entwickeln Sie Lösungsalternativen zum beiderseitigen Vorteil.
5. Lassen Sie sich Zeit.
6. Führen Sie Ihre Verhandlungspartner Schritt für Schritt.

E) Wenn das nicht hilft, dann ...

1. Lassen Sie Ihre Verhandlungspartner die Konsequenzen wissen!
2. Fragen Sie: Was meinen Sie, wird passieren, wenn wir uns nicht einigen? Was denken Sie, was ich tun werde? Was werden Sie bei einer Nicht-Einigung tun?
3. Unterrichten Sie die Verhandlungspartner über die Kosten einer Nicht-Einigung!
4. Machen Sie klar, dass Ihr Ziel eine beidseitige befriedigende Einigung ist und nicht der Sieg über die Verhandlungspartner.
5. Machen Sie klar, dass Ihre goldene Brücke weiterhin offen ist!

Konfliktmediation

Definition des Mediators:

Ein Mediator ist ein Vermittler/Schlichter, in manchen Fällen auch ein Schiedsrichter. In der Regel befindet er sich in einer unabhängigen dritten Position und versucht, gemeinsam mit den beiden Konfliktparteien eine Lösung zu finden. Er greift aktiv in den Einigungsprozess ein, hinterfragt auch den Inhalt von Vereinbarungen, entwickelt aber keine eigene Vorstellung von der „besten" Lösung.

Der Mediator steuert den Prozess, nicht die inhaltliche Lösungsfindung. Ein Mediator versucht, inhaltlich unabhängig zu bleiben. Wesentlicher Punkt in der Mediation ist, das Vertrauen der Kontrahenten zu gewinnen. Konfliktmediation ist nicht immer eine dankbare Aufgabe. In manchen Fällen werden Mediatoren auch von einer Seite hinzugerufen, um als unabhängiger Dritter der anderen Seite seine Meinung zu sagen. Ein Konfliktpartner erwartet also, dass sich der Mediator mit ihm solidarisiert. Er hofft, der Vermittler „erkennt", dass er recht hat, und versucht, ihn auf seine Seite ziehen zu können. Aber genau diese Rolle übernimmt ein Mediator nicht.

Die Aufgabe des Mediators:

„Sehen Sie, ich habe Ihnen gleich gesagt, dass er unbeweglich ist. Können Sie sich vorstellen, wie anstrengend es ist, täglich mit so jemandem zusammenzuarbeiten?" Auf eine solche Diskussion darf der Mediator sich nicht einlassen. Seine Aufgabe ist es, den Lösungsprozess zu steuern. Inhaltlich sollte er sich nicht einmischen. Es geht nicht darum herauszufinden, wer „recht" hat, sondern es geht darum, eine Atmosphäre zu schaffen und ein Verfahren einzuführen, mit dem die Konfliktparteien in der Lage sind, eine Lösung zu finden.

Ein Mediator ist kein Richter, sondern eher ein Schiedsrichter. Er will die Diskussionsfähigkeit der beiden Parteien aufrechterhalten. Dabei achtet er darauf, dass Fairness geboten ist und sich die Parteien nicht in kränkenden Vorwürfen und Argumenten verstricken. Unter seiner Anleitung erarbeiten die Streitenden verschiedene Lösungsentwürfe, die sie dann bewerten, um sich auf eine Möglichkeit zu einigen. Der Konfliktbearbeitungsprozess hat deswegen erkundenden Charakter.

Ein Mediator erhält die Diskussionsfähigkeit der Teilnehmer aufrecht. Werden beide Parteien beweglich und beginnen, kreativ zu arbeiten, so ist der Mediator dafür verantwortlich, alle Ideen festzuhalten, und wenn sie noch so unplausibel erscheinen. Er kann behilflich sein, auch scheinbar unangemessene Wege weiterzuentwickeln. Als Mittler versucht der Mediator, die Streitparteien aus den eingefahrenen Denkmustern herauszuholen.

Die acht Phasen der Konfliktmediation im Überblick:

1. Phase: Kontaktaufnahme und Klärung der Situation

2. Phase: Formulierung des Themas

3. Phase: Ansicht der Parteien zum Konflikt

4. Phase: Jede Partei wiederholt die Position und die Interessen des anderen

5. Phase: Visualisieren der Gemeinsamkeiten

6. Phase: Erarbeiten von Lösungsmöglichkeiten

7. Phase: Lösung vereinbaren

8. Phase: Schluss

Ein vollständiges Durchführungsbeispiel einer Konfliktmediation finden Sie in Kapitel 7.3.

Bei allen drei genannten Verfahren wird darauf geachtet, dass:

- die jeweiligen Interessen deutlich werden,
- die Positionen von Interessen und Emotionen getrennt und Bedingungen für eine Lösung herausgefunden werden,
- akzeptable Lösungen für alle Beteiligten und Betroffenen gefunden werden.

Der Teamcoach sollte sein Verhalten immer danach ausrichten, dass er ein Schlichter und kein Richter ist.

Wenn das nicht gelingt, müssen die negativen Konsequenzen ganz unmissverständlich herausgestellt und die Folgen, die beide Konfliktparteien zu tragen haben, klar benannt werden. Das führt manchmal zu später Einsicht und Kompromissfähigkeit.

Sollte auch das nicht fruchten, keinerlei Lösung in naher Zukunft zu erwarten sein und die zu lösenden Aufgaben ernsthaft in Gefahr geraten, dann hilft auch eine Versetzung in eine andere Abteilung oder Entlassung der Konfliktpartner, denn es gilt auch hier das Motto:

Lieber ein Ende mit Schrecken, als Schrecken ohne Ende!

* Vier Tipps zum Konfliktmanagement:

1. Konflikte sind nichts Schlimmes, sie passieren ständig und überall und bedeuten den Zusammenstoß von Meinungen und/oder Interessen.
2. Je früher Konfliktsymptome wahrgenommen werden, desto größer die Chance, sie vor einer Eskalation rechtzeitig konstruktiv zu lösen.
3. Verhandeln Sie nicht um Positionen, sondern berücksichtigen Sie die Interessen, die hinter den Positionen verborgen sind.
4. Positiv gesehen bietet Teamarbeit, d. h. die Zusammenarbeit mit anderen Menschen, die Gelegenheit, Konfliktfähigkeit zu trainieren, Verhaltensflexibilität und Toleranz zu erwerben.

5.2 Widerstände im Team erkennen und atomisieren

Was vermutlich die meisten Teamcoachs überhaupt nicht mögen, sind Widerstände, endlose und unfruchtbare Gespräche oder sogar Tumulte in den Teammeetings.

Genauer betrachtet kann der Teamcoach jedoch dankbar sein, dass er hier, ähnlich wie bei Konflikten, die Entwicklungsdefizite/Entwicklungspotenziale seiner Teammitglieder quasi „kostenlos" auf einem silbernen Tablett serviert bekommt. War es Absicht oder Unvermögen? Wie konnte es soweit kommen?

Frühwarnindikatoren

Lange bevor es zu ernsthaften Widerständen in Teammeetings kommt, deuten zahlreiche Indikatoren darauf hin, dass etwas im Argen liegt. Allerdings sind diese „Warnzeichen" nur durch gutes Beobachten, sensibles Wahrnehmen und in einer partnerschaftlichen Kommunikationskultur zu erkennen. Also gilt es, schon lange vorher wachsam und konzentriert zu sein und den Teammitgliedern gut zuzuhören.

Machen Teammitglieder Dienst nach Vorschrift, bleiben sie Teammeetings fern, weichen auf Nebensächlichkeiten aus oder vermeiden die Übernahme von Verantwortung, dann werden die Ergebnisse in Form von Zahlen dies früher oder später aufzeigen. Es gibt aber auch das andere Extrem: Versuchen Teammitglieder, sich als Alphatiere zu profilieren (z. B. Viel- und Lautredner), das Team zu dominieren und andere Teammitglieder brüsk zu unterbrechen, so gilt es, derartige Warnzeichen rechtzeitig wahrzunehmen. Teammitglieder verraten durch ihr Benehmen in und außerhalb von Teammeetings sehr viel, vorausgesetzt der Teamcoach hört ihnen zu und ist nicht nur damit beschäftigt, „sein Ding" durchzuziehen.

Der Teamcoach ist ebenso wie seine Teammitglieder oft in seinen eigenen Denkstrukturen gefangen. Ein probates Mittel, das in diesem Zusammenhang viele Lösungsmöglichkeiten bietet, sind die individuellen Coachinggespräche. Diese geben einen guten Einblick in die „Welt“ des Coachees, liefern Frühwarnindikatoren und die Chance, vorausschauend bestimmte Ziele mit den einzelnen Teammitgliedern zu vereinbaren.

Frühwarnindikatoren können alle oben unter „Konfliktursachen auf der Beziehungsebene“ aufgelisteten Faktoren sein, so z. B.:

- Streit zwischen Teammitgliedern
- Gegenseitige Behinderung
- Gezielte Falschinformation
- Verschleppungsstrategien
- Konkurrenz und Neid
- Cliquenwirtschaft
- Teammitglieder schießen quer oder ziehen nicht mit
- Alpha-Tier und Omega-Huhn
- usw.

Sie sind etwas Wertvolles, sofern sie auch dazu führen, dass der Teamcoach etwas ändert. Das bedingt allerdings, dass er einen Plan hat und weiß, was er will. Vom Plan sollte der Teamcoach rasch in die Umsetzung, in die Teamrealität kommen. Pläne weisen uns nicht nur selbst den Weg, sondern geben auch den Teammitgliedern die Möglichkeit, an der Realisierung des Vorhabens teilzunehmen. Erst das konkrete Tun entscheidet aber über die Ergebnisse. Und damit entscheidet jeder Teamcoach selbst, inwieweit Frühwarnindikatoren sich erfolgreich auf die Teammeetings auswirken oder nicht. Je eher und konsequenter der Teamcoach aus den Frühwarnindikatoren abgeleitete Veränderungen (z. B. der TOPs, der Meetingstruktur, der Inhalte, der Meetingdauer, der Länge der einzelnen Redebeiträge, des Umgangs mit Vielrednern etc.) angeht, umso früher wird er ein positives Ergebnis erhalten.

Klarheit im Kopf führt zur Klarheit in der Sprache und zu einem strukturierten Handeln. Damit wird ein Herumstochern im Nebel verhindert. Und genau das ist es, was das Team von Ihnen erwartet.

An dieser Stelle nur kurz ein Ausflug in die Kommunikationskunst:

Trotz der Klarheit im Kopf benutzen wir häufig Formulierungen, mit denen wir Behauptungen aufstellen und den Gesprächspartner damit zum Gegenangriff herausfordern.

Beispiele

„So kann das gar nicht funktionieren!"

„Das entspricht nicht den Tatsachen!"

Damit bewirken wir einen Angriff auf das Selbstwertgefühl des Gesprächspartners oder defensives Verhalten bzw. einen Gegenangriff – Konfrontation. Damit wir aber nicht gleich mit der Rückseite alles umstoßen, was wir vorne filigran aufgebaut haben, ist es intelligenter, Formulierungen zu benutzen, in denen wir unseren Gesprächspartner zum Mitdenken auffordern.

Fordern Sie den Gesprächspartner zu einer konstruktiven Auseinandersetzung auf und geben Sie ihm „Raum", angriffsfrei bzw. kooperativ zu erwidern. Im Folgenden haben wir einige Beispiele mit Lösungsangeboten aufgelistet:

Konfrontation	**Kooperation**
Ihre Behauptung ist nicht offiziell bestätigt!	Hierzu habe ich andere Informationen, wie kommen Sie zu Ihrer Ansicht?
Ihr Lösungsvorschlag ist in der Praxis nicht durchführbar!	Ich kann mir eine Umsetzung Ihres Vorschlages in der Praxis noch nicht vorstellen.
Was Sie sagen, stimmt doch nicht!	Meine Erfahrungen sind hier anders. Worauf gründet sich Ihre Ansicht?
Kritisieren Sie nicht nur, bringen Sie doch mal einen besseren Vorschlag!	Ihr Einwand ist interessant, daran habe ich bisher nicht gedacht. Welche Lösung würden Sie vorschlagen?
Mit Ihnen ist doch nicht zu reden!	Ich möchte mit Ihnen auf einen Nenner kommen, wie können wir das erreichen?
Ihre Ausführungen sind unverständlich!	Für mich sind die Inhalte noch nicht verständlich, können Sie mir ein Beispiel geben?
Bleiben Sie sachlich!	Können Sie mir Ihre Idee konkret erläutern?
Hör doch zu, was ich Dir sage!	Ich habe den Eindruck, wir reden aneinander vorbei.
Werden Sie endlich konkret!	Ich kann es mir noch nicht vorstellen, wie könnte das in der Praxis aussehen?

Akzeptanz – Boykott – Sabotage

Es stellt sich nun die Frage: Wie geht der Teamcoach mit jedem einzelnen Teammitglied/Coachee um; insbesondere dann, wenn der Coachee mit seiner Meinung von der Mehrheitsmeinung abweicht? Gilt das demokratische Prinzip: Mehrheit ist Mehrheit? Wenn ja, was sind die Konsequenzen für die Überstimmten im Team und deren Verhalten?

Grundsätzlich gilt: Jedes Teammitglied darf seine eigene Sicht der Dinge haben. Der Teamcoach versucht, Verständnis für die Situation des jeweils anderen aufzubringen. Dafür kann er erwarten, dass dies im Umkehrschluss auch für ihn gilt.

Einzel-Coachinggespräche innerhalb von Teamcoaching sind sinnvoll, wenn es um das Umsetzen der vereinbarten Lösung geht. Oft treten bei einigen Teammitgliedern Verhaltensunsicherheiten auf, die zu Selbstzweifeln oder zu Zweifeln an der vereinbarten Mehrheits-Lösung führen. Es kommt zu dem bekannten *Minderheiteneffekt,* der dann auftreten kann, wenn man bei einer Teamabstimmung überstimmt wurde und trotzdem anderer Meinung bleibt. Dieser Minderheiteneffekt kann zu unbewusstem und bewusstem Boykott oder Sabotage der vereinbarten Lösung führen. Hilfreich für den Teamcoach ist dann, wenn zumindest die Schlüsselpersonen im Team für die mehrheitliche Lösung gestimmt haben und einer davon dem zweifelnden Teammitglied als Mentor zur Seite gestellt werden kann.

Der Teamcoach selber sollte – um Boykott oder Sabotage der Entscheidung frühzeitig zu verhindern – dem Teammitglied in einem individuellen Cochinggespräch Feedback über sein Verhalten geben und mit ihm Hilfen bei der Umsetzung der Entscheidung erarbeiten. Dazu sind mehrere Entwicklungsschritte nötig (siehe Kapitel 4.2 „GROW-Modell“). Dies sollte in reflektierender Form geschehen, um den Verhaltensänderungsprozess sowohl qualifiziert steuern zu können als auch ein frühzeitiges Scheitern zu verhindern. Jetzt ist die Fähigkeit des konzentrierten Zuhörens verlangt, gerade dann, wenn das Gegenüber eine andere Sicht vertritt; ein nachdenkliches „Nach-innen-Lauschen“, vorsichtiges Teilnehmen an möglichen Umdenkprozessen beim Coachee oder auch bei Ihnen.

5.3 Umgang mit Fehlern und Minderleistung

Wer ist schuld?

Besonders interessant wird es, wenn in der Zusammenarbeit im Team Fehler sichtbar werden. Dann stellt sich sehr schnell die Schuldfrage. Doch im Vordergrund sollte keine Schuldfindungsstrategie, sondern eine Problemlösungsstrategie stehen, nach dem Motto:

Wir suchen nicht den Schuldigen, sondern die Lösung!

Es ist zweifelsfrei eine Frage der Team- und Fehlerkultur, welche Reaktion im Falle eines Fehlers angemessen ist. Wir empfehlen den offensiven Umgang, andere empfehlen manchmal auch den eher defensiven Umgang mit Fehlern.

- **Offensiv** bedeutet: Wer den Fehler begangen hat, steht dazu. Es wird gemeinsam geprüft, wie er behoben und wie die Auswirkungen minimiert werden können. Alle handeln zum Wohle des gesamten Teams. Es geht nicht darum, Schuldige zu bestrafen.
- **Defensiv** bedeutet: Wer den Fehler begangen hat, duckt sich. Vielleicht kann er den Fehler sogar vertuschen, anderen Teammitgliedern, oder sogar teamfremden Personen, oder den Umständen zuschreiben. Es wird eine Strategie gesucht, die die persönlichen, negativen Folgen minimiert.

Um eine Angelegenheit, die total schiefgelaufen ist – trotz besserem Können und Wollen – wieder in konstruktive Bahnen zu lenken, suchen Sie einerseits in einem Teammeeting nach einer schnellen Lösung zur Schadensbegrenzung und andererseits nach Wegen, um ähnliche Pannen in Zukunft zu vermeiden.

Hilfreich ist folgende Vorgehensweise (roter Faden):

- Schlagen Sie vor, sofort und gemeinsam das dringendste Problem zu lösen und zu einem späteren Termin über längerfristige Verbesserungen/Änderungen zu sprechen.
- Nehmen Sie eine situationsbezogene Zieldefinition vor: Fragen Sie die betroffenen Teammitglieder, bei denen das Problem aufgetreten ist, was momentan das Wichtigste ist, damit der Schaden so klein wie möglich gehalten werden kann. Schreiben Sie Stichworte auf einem Flip-Chart mit.
- Jeder sagt der Reihe nach, was er als Soforthilfe tun kann, damit dieses Ziel erreicht wird. Schreiben Sie diese Vorschläge für alle sichtbar auf dem Flip-Chart mit. Beachten Sie dabei: Es geht um Soforthilfe, nicht um grundsätzliche Verbesserungsvorschläge. Über diese diskutieren Sie erst zum vereinbarten späteren Zeitpunkt.
- Fragen Sie die von dem Problem betroffenen Teammitglieder, inwieweit die angebotene „Erste Hilfe“ für den Moment ausreicht.
- Falls noch weitere Soforthilfe dringend gebraucht wird, sammeln Sie gemeinsam weitere Ideen und klären Sie, wie und von wem diese Hilfe gegeben werden kann.
- Fassen Sie kurz zusammen, welche Maßnahmen für die Soforthilfe getroffen werden sollen.
- Bestimmen Sie einen Termin, zu dem Sie gemeinsam lernen und längerfristig wirksame Qualitätsverbesserungen entwickeln.

Vorteile des Vorgehens:

Indem Sie sich auf die Schadensbegrenzung und „Erste Hilfe“ konzentrieren, vermeiden Sie wenig konstruktive Diskussionen über Ursachen und Schuldige, bei denen meist jeder versucht, sich möglichst gut aus der Affäre zu ziehen. Die Diskussion über Ursachen und Verbesserungs- oder Änderungsvorschläge zu einem späteren Zeitpunkt verläuft dann weitaus effektiver und zielorientierter als in einer emotional aufgeladenen Atmosphäre unmittelbar nach Auftreten der Panne.

Nonperformer und Trittbrettfahrer

Nicht alle Teammitglieder erbringen gleich gute Leistungen. Jeder hat Vorlieben und Fähigkeiten, die ihn von seinen Teamkollegen unterscheiden. Viele Teams werden ja bewusst heterogen zusammengestellt und profitieren davon, dass hier unterschiedliche Kompetenzen zusammenkommen, die sich ergänzen. Doch es gibt auch Teammitglieder, die die geforderte Leistung nicht erbringen. Sie wollen nicht oder können nicht mithalten bei den Anstrengungen, die Effektivität und Produktivität des Teams zu verbessern.

Was kann ein Teamcoach tun, wenn ein Teammitglied eine schlechte Leistung erbringt?

Schlechte Leistung wird oft zu schnell als ein „nicht Wollen" interpretiert, die Führungskraft reagiert entsprechend mit Druck oder, noch schlimmer, mit einer Abmahnung. Dabei kann der Schlüssel für bessere Leistung manchmal ganz einfach sein. Fragen Sie Ihren Coachee, was ihm noch fehlt, um die Aufgabe besser zu beherrschen und bearbeiten zu können. Häufig werden die Ergebnisse damit sehr viel brauchbarer – im Gegensatz zur Wirkung einer Abmahnung oder Druck.

Dennoch kann es passieren, dass manche Teammitglieder Sie bei Ihren Aufgaben weniger unterstützen als geplant und gewünscht, unabhängig davon, wie oft Sie ihn gefragt haben, was noch fehlt. Das hängt von zwei Faktoren ab:

Können: Die Kollegen brauchen die notwendige Fach- und Methodenkompetenz, um bei der Aufgabenlösung relevante Beiträge zu liefern.

Wollen: Sie müssen motiviert sein, um sich in die Teamarbeit einzubringen und ihre Aufgaben zu erfüllen.

In **Abbildung 27**, der *Können-Wollen-Martix,* haben wir vier Fälle eingetragen und dazu in Klammern vier mögliche Reaktionen des Teamcoachs hinzugefügt. Im schwierigsten Fall 4 sollten Sie ganz klar die Konsequenzen deutlich machen, sollte der Zustand der Leistungsverweigerung anhalten, und dies dann auch konsequenterweise durchziehen.

können \ wollen	Ja	Nein
Ja	**Fall 1** Können und wollen (loben und fördern)	**Fall 3** Können, aber nicht wollen (1. Kritikgespräch) (Leistungsaufforderung)
Nein	**Fall 2** Wollen, aber nicht können (ausbilden, trainieren, fördern)	**Fall 4** Nicht Können und nicht wollen (2. Kritikgespräch – Abmahnung-Entlassung)

Abbildung 27: *Können-Wollen-Matrix*

Was tun mit Nonperformern und Trittbrettfahrern?

Einige Teamcoachs scheuen sich davor, die leistungsschwachen Teammitglieder direkt anzusprechen und Lösungen im Einzelgespräch mit ihnen zu erarbeiten, während andere wiederum es nicht merken, wenn sie einen Trittbrettfahrer oder Drückeberger im Team haben. Dabei ist diese Situation für alle Beteiligten schmerzlich. Meistens auch für die leistungsschwachen Mitarbeiter, denn diese leiden darunter, wenn sie nur kritisiert werden und keine Anerkennung erfahren, vorausgesetzt sie sind dazu lediglich nicht in der Lage.

Denken Sie daran, wenn Sie es nicht merken oder ansprechen: Ihre Teammitglieder merken sofort, wenn sich einer durch die Arbeitswoche schummelt und dabei noch von den Leistungen der anderen profitieren will. Nicht nur, dass Sie sich selbst demontieren (Imageverlust), es hat auch weitreichende und schwerwiegende Effekte auf die Leistungsbereitschaft des gesamten Teams.

Das Engagement der Teammitglieder verändert sich merklich, wenn sie merken, dass sie einen Drückeberger im Team haben. Die Folgen sind: Die Stimmung verschlechtert sich, die Teammitglieder sind demotiviert und weniger engagiert, die Leistung schwindet, interne oder externe Kunden werden nicht mehr richtig betreut, Teammitglieder verlassen das Team, die Kosten steigen.

Besonders kritisch wird die Situation dann, wenn die Teamkollegen annehmen, dass der Teamcoach nichts gegen den Drückeberger unternimmt. Sie erwarten von ihm schnelles Handeln und Durchgreifen. Gehen Sie davon aus, dass fast alle Mitarbeiter kooperativ sind. Wenn sie neu in das Unternehmen kommen, sind sie durchaus bereit, ihr Wissen und ihre Fähigkeiten einzubringen. Diese Einstellung behalten sie bei, wenn sie merken, dass dies die Norm im Team ist und alle entsprechend handeln.

Beispiel

Denken Sie an den Beamtenwitz, in dem ein neuer Mitarbeiter von seinem Kollegen angerüffelt wird: „Du hast an einem Vormittag bereits einen Antrag bearbeitet, das ist viel zu schnell, Du versaust den Schnitt. Langsamer, sage ich, langsamer ..."

Wenn ein Teammitglied nicht zur Leistung des Teams beiträgt, sprechen Sie mit ihm und verfahren Sie gemäß der Können-Wollen-Matrix. Ansonsten wird es sich immer mehr vor der Arbeit drücken. Und die Teamkollegen, die das merken, werden nach und nach genauso handeln: Ein gefährlicher Teufelskreis beginnt. Einige Teamkollegen werden bestrebt sein, Drückeberger zu bestrafen (evtl. mobben), um das eigentliche Ziel des Teams hochzuhalten. Damit binden sie aber einen guten Teil ihrer Arbeitszeit; auch hier geht Leistung für das Team verloren. Deshalb sind Sie als Teamcoach gefordert, hier schnell einzugreifen und dies zu unterbinden.

Dazu ist es notwendig, dass Sie zunächst festhalten, ob das Teammitglied die geforderte Leistung grundsätzlich erbringen kann und die notwendigen Kompetenzen hat oder ob der Wille zu besserer Leistung fehlt. Gleichzeitig notieren Sie, welche positiven Fähigkeiten das Teammitglied mitbringt und für welche Stellen sich der Mitarbeiter darüber hinaus noch eignet. Sie stehen in der Verantwortung. Sie dürfen den Problemen nicht aus dem Weg gehen, denn der leistungsschwache Mitarbeiter sollte wissen, woran er ist und Ihr Team auch.

Der rote Faden, im Fall der Fälle

Es können drei Eskalationsstufen für Sanktionen bei Arbeitsverweigerung/Regelverstößen realisiert werden: Hinweisgespräch, Verweisgespräch und Trennungsgespräch.

1. Stufe Hinweisgespräch (ohne Protokoll)

Das Gespräch wird zwischen dem Teamcoach und dem betroffenen Teammitglied geführt. Es ist ein Coachinggespräch mit ganz klarer Zielsetzung. Eventuelle Zeugen des anzusprechenden Fehlverhaltens können (nach Einwilligung des Coachees) hinzugezogen werden. Der Teamcoach spricht das Fehlverhalten an und weist darauf hin, dass es sich um ein unerwünschtes Verhalten handelt. Die weiteren Eskalationsstufen für den Wiederholungsfall sollten ebenfalls erörtert werden. Falls kein Einvernehmen in der Beurteilung des Fehlverhaltens hergestellt werden kann, kann sich der Mitarbeiter an die Personalabteilung wenden. Dies sollte im Gespräch angekündigt werden.

2. Stufe Verweisgespräch (mit Protokoll)

Im Wiederholungsfall erfolgt das Verweisgespräch zwischen Teamcoach und Mitarbeiter (und eventuell mit Zeugen des Fehlverhaltens). Das zu erstellende Protokoll geht an die Personalabteilung. Dem Mitarbeiter wird deutlich gemacht, dass eine erneute Wiederholung des Fehlverhaltens zur Beendigung des Arbeitsverhältnisses führt. Auch hier kann nach Ankündigung die Personalabteilung vom Mitarbeiter als Schiedsstelle angesprochen werden.

3. Stufe Trennungsgespräch (mit Protokoll)

Sollte es zu einer erneuten Wiederholung kommen, dann erfolgt in Absprache mit der Personalabteilung und Geschäftsleitung ein Trennungsgespräch, an dem neben dem Mitarbeiter und dem Teamcoach auch der nächste Vorgesetzte teilnimmt. Dem Mitarbeiter wird mitgeteilt, dass das Arbeitsverhältnis mit dem Unternehmen beendet werden soll. Die Art der Trennung (eigene Kündigung oder Kündigung durch den Arbeitgeber) kann in einem annehmbaren Rahmen vom Mitarbeiter selbst bestimmt werden. Das Gesprächsprotokoll geht wiederum an die Personalabteilung.

Folgende Ausnahmen vom beschriebenen Ablauf sind möglich:

Bei Gefahr in Verzug und Straftaten zum Nachteil des Unternehmens sollte eine fristlose Kündigung des Arbeitsverhältnisses erfolgen.

5.4 Rollenkonflikt und Machtmissbrauch

Als Teamcoach tragen Sie mehrere verschiedene Hüte:

Sie sind Teamcoach, Führungskraft, manchmal Moderator, Betroffener und Verantwortlicher für das Team. In den verschiedenen Rollen liegt eine große Gefahr des Missbrauchs. Diese absehbaren Grenzkonflikte entstehen vor allem in der Wahrnehmung der Rolle als Führungskraft und als Coach. Immer wieder muss sich der Teamcoach aufmerksam über die eigene Schulter schauen und sein Verhalten daraufhin reflektieren, ob er seine Macht missbraucht und seine Meinung für die einzig gültige hält. Gerade wenn ein Teamcoach nicht mit der Leistung seines Coachees zufrieden ist, besteht die Gefahr folgender verbaler Übergriffe, wir nennen es die Sprache der Macht:

1. Verallgemeinerung

„Sie haben aber auch alles durcheinandergebracht."

2. Drohung

„Was sollen wir nach so einem Fehler mit Ihnen machen?"

3. Ironie

„Sie hatten auch schon bessere Tage."

4. Trost

„Na, nun nehmen Sie sich das mal nicht so zu Herzen."

5. Persönlicher Angriff

„Ich glaube, Sie waren nicht ganz bei der Sache, Sie können doch nicht ..."

6. Behauptungen

„Da waren Sie auf dem falschen Dampfer."

7. Rat-„Schläge"

„Denken Sie immer daran, Sie müssen lernen, sich besser einzuordnen."

8. Vorwürfe

„So, wie Sie das machen, klappt das nie."

9. Rhetorische oder Suggestiv-Fragen

„Wäre es nicht sinnvoller gewesen, das so und so zu machen?!"

Wichtig ist, dass Sie sich bewusst sind, in welcher Rolle Sie gerade sind, und dass Sie manchmal einen „Spagat" machen müssen, um Ihren verschiedenen Rollen gerecht zu werden. Als Vorgesetzter obliegt Ihnen für Ihre Teammitglieder die Führungsverantwortung – von der Fürsorgepflicht bis zur Sanktionierung von Fehlverhalten – , während Sie als Coach alles tun, um die Eigenverantwortung und Verantwortungsübernahme des Mitarbeiters zu fördern.

Die Grenzen verlaufen fließend und es ist nicht immer einfach, Coaching in „Reinkultur" zu leben. Wer diese beiden Rollen (Vorgesetzter und Coach) gleichzeitig ausübt, muss in der Lage sein, sich selbst zu hinterfragen, eine innere ethische Selbstverpflichtung mitbringen und bewusst entscheiden, in welcher Rolle er der Person und der Situation am besten gerecht wird.

Klären Sie für sich und mit dem Team, in welcher Rolle Sie gerade auftreten. Dann können Sie viel entspannter mitdiskutieren und Ideen entwickeln. Gerade die Diskussionen zu Fehlern und Teamschwierigkeiten sind wichtig und können weiter führen. Sie zu früh zu unterbrechen oder ganz zu unterdrücken erweist sich daher meist als fatal. Deshalb ist es von Vorteil, das Thema offensiv anzusprechen, indem Sie die Frage vorwegnehmen:

Beispiel

Coach: „Manch einer von Ihnen fragt sich vielleicht: ‚Wie soll denn das funktionieren? Heute morgen führen wir ein Zielvereinbarungsgespräch und heute Nachmittag wollen Sie mich coachen?' –

Das stimmt, es ist nicht einfach, diese beiden Rollen auseinanderzuhalten. Ich werde mich bemühen, in unseren Coachinggesprächen nicht in die Vorgesetztenrolle zu rutschen. Denn mir ist wichtig, dass wir hier wirklich Ihre Themen bearbeiten und Ihre Lösungen im Vordergrund stehen. Eigenständige und eigenverantwortliche Mitarbeiter sind für uns alle überlebenswichtig.

> Dass wir darüber hinaus auch Zielvereinbarungsgespräche führen und ich hier als Ihr Vorgesetzter handle, ist für mich normal. Auch Sie sind tagtäglich in verschiedenen Rollen (als Kollege, Mitarbeiter, Projektleiter etc.) unterwegs und schaffen es, sich entsprechend zu verhalten."

Unterschiede im Verhalten

Tabelle 11: Führungsverhalten – Coachverhalten

Führungsverhalten	**Coachingverhalten**
Die Führungskraft ist mehr sachorientiert.	Der Coach ist mehr menschenorientiert.
Die Führungskraft arbeitet häufig mit Vorgaben und Anweisungen.	Der Coach arbeitet mehr mit Fragen und Beobachtungen.
Die Führungskraft vereinbart Ziele mit dem Mitarbeiter, die für die Erreichung des Unternehmensziels wichtig sind.	Der Coach achtet verstärkt auf die Zielidentifikation.
Die Führungskraft macht Ergebnisse an Zahlen fest.	Der Coach leitet Veränderungsprozesse ein und macht Ergebnisse an Verhaltensänderungen fest.
Die Führungskraft führt den Einzelnen und das Team anhand sachlicher Ziele.	Der Coach steuert die Prozesse und nimmt Fortschrittskontrollen im Verhalten vor.
Die Führungskraft handelt häufig unter Zeitdruck und hat den kurzfristigen Umsatz im Blick.	Der Coach nimmt sich Zeit für Veränderungen und hat Geduld.
Die Führungskraft verfolgt kurzfristige Ziele, um Verkaufsergebnisse zu erreichen.	Der Coach verfolgt mittelfristige Ziele, um die Qualität der Verkäufer zu steigern.
Bei der Führungskraft stehen quantitative Ziele im Vordergrund.	Der Coach arbeitet eher an den qualitativen Zielen.

Quelle: Ückermann, 2004, S. 53

Die wirklich herausfordernden Situationen entstehen meist im Coachinggespräch mit dem Coachee. Wenn dieser im Widerstand ist, die Zusammenarbeit verweigert oder die vereinbarten Maßnahmen nicht umsetzt, ist die „Verführung" groß, sich auf die Chefrolle zurückzuziehen. Nach dem Motto „Bist Du nicht willig, so brauch ich Gewalt" holt der Coach die Keule hervor und verordnet, was zu tun ist.

Wie sich das anhört, haben wir bereits weiter oben mit der „Sprache der Macht" beschrieben. Sollten Sie den Widerstand nicht auflösen können, beenden Sie das Coaching und nutzen Sie die Ihnen als Führungskraft zur Verfügung stehenden Mittel, um die Unternehmensziele zu erreichen. Allerdings nur als *Manöver der letzten Minute.*

Beispiel

Coach: „Aus meiner Sicht kommen wir hier nicht weiter. Auf meine Fragen, wie das Coaching für Sie gewinnbringend sein kann, bekomme ich keine rechte Antwort. Die vereinbarten Maßnahmen wollen Sie nicht umsetzen. Ich merke, dass ich zunehmend mit meiner Rolle als Führungskraft in Konflikt komme. Deshalb möchte ich an dieser Stelle den Coachingprozess beenden. Ich bedauere, dass wir keinen Konsens finden können, aber ich habe die Verantwortung übernommen, mit dem gesamten Team unsere Ziele zu erreichen, und diese möchte ich auch erfüllen."

In den 20 Jahren, in denen wir als Coachs arbeiten und Coaching-Ausbildungen durchführen, ist es jedoch nur wenige Male vorgekommen, dass wirklich ein Coachingprozess beendet werden musste, weil keine tragfähige Zusammenarbeit mehr möglich war. Betrachten Sie es als Ihre persönliche Notbremse, die Sie wie die echte vermutlich nur sehr selten ziehen müssen.

5.5 Fettnäpfchen und Tipps für die Praxis

Kommunikation

Ihr Team kann aus Meckerern und Verweigerern bestehen. Die Teammitglieder diskutieren ihre Ansichten und „Probleme" nicht offen, z. B. mit den betreffenden Personen oder mit Ihnen, sondern sie meckern im „Untergrund": in der Kantine, auf den Korridoren, auf dem Parkplatz, im Lift etc. Sorgen Sie dafür, Fehler als Gelegenheit für weiteres Lernen und Verbesserungen (an) zu erkennen und dass die ineffektiven Schuldzuweisungen unterbleiben. Stellen Sie im nächsten Teammeeting die Frage: Was können wir tun, um solche Fehlentwicklungen in Zukunft zu vermeiden?

Querulanten im Team

Stellen Sie sich folgenden Fall vor: Sie übernehmen als neuer Teamcoach ein vermeintlich „schwieriges" Team. Sie haben in Ihrem Team zwei demotivierte Querulanten, die mit ihrer Aufgabe unzufrieden sind, sich mit ihrer Tätigkeit nicht identifizieren und den Acht-Stunden-Tag für eine Ausgeburt ausbeuterischer Arbeitgeber halten.

Sie können nun Drohungen aussprechen, die Zielerfüllung einklagen oder Abmahnungen verschicken und sich damit aufreiben. Sie können aber auch mit beiden Querulanten Coachinggespräche führen und sie fragen, worin genau ihre Unzufriedenheit begründet ist und was sich ändern müsste, damit sie wieder engagiert mitarbeiten können. In Abhängigkeit der Antworten können Sie dann immer noch entscheiden, was als nächster Schritt angemessen erscheint. Sie können auch – als übernächsten Schritt – den beiden ein erfahrenes und motiviertes Teammitglied als Mentor zur Seite stellen.

Dauerkonflikt im Team

Zwei Ihrer Teammitglieder liegen im Dauerkonflikt, der so starke Auswirkungen hat, dass die Stimmung des gesamten Teams darunter leidet. Bereits Ihr Vorgänger hat diverse Anläufe unternommen, den Streit beizulegen, um die Stimmung im Team zu verbessern und auch um die Leistungsfähigkeit des Teams wiederherzustellen. Alles mit nur mäßigem Erfolg. Trotz aller Coachingkompetenz und des Beherrschens von Konfliktlösungsmethoden kann es manchmal nützlich sein, einen der beiden Kontrahenten kurz entschlossen in einen anderen Bereich zu versetzen und das Problem damit zu lösen, zur Erleichterung des gesamten Teams.

Ein Teammitglied bringt seine Leistung nicht

Um ein Teammitglied zu guter Leistung anzuspornen, könnte man ihm mitteilen, welch lausiger Mitarbeiter es denn sei und es sich gefälligst an die Zielvereinbarung halten möge. Dies ist weder ein wertschätzendes Feedback noch zielführend. Oft ist es hilfreicher, seine Komfortzone herauszufinden. Welches Thema interessiert das Teammitglied? Welche Rahmenbedingung für die Arbeit motivieren es besonders? Was ist seine aktuelle persönliche Situation? Allein die Fokussierung auf die drei Veränderungskriterien – kennen, können, wollen – können schon helfen.

Der Chef ist gleichzeitig auch Teamleiter

Gerade in kleinen Unternehmen ist der Chef gleichzeitig auch Teamleiter, auch dann, wenn nicht „offiziell“ in Teams gearbeitet wird. Wenn jedoch Ihr Team gespalten ist, die Kommunikation schlecht und die Arbeit auch noch sehr stressig ist, müssen Sie die Teammitglieder besonders motivieren. Hier ist verständnisvolles, gefühlsbetontes Führen vonnöten. Sie haben dabei für die Gefühle Ihrer Mitarbeiter ein offenes Ohr und nehmen ihre Wünsche und Anregungen ernst. Für die Schlichtung von schwelenden oder offenen Konflikten nehmen Sie sich Zeit, arbeiten als Mediator oder schalten unter Umständen auch einen externen Mediator ein, falls Sie dafür noch nicht die geeigneten Instrumente in Ihrem Werkzeugkoffer haben. Achten Sie darauf, wichtige Auseinandersetzungen oder schädliche Krisen nicht zuzudecken, sondern offen anzusprechen und zu beseitigen. Eine grundlegende Umstrukturierung sollte das Mittel der letzten Wahl sein.

Gehen Sie konsequent gegen Egomanen vor

Bedingt durch Unsicherheit und oft auch Zukunftsängste entwickeln manche Teammitglieder ein unsoziales Verhalten, das leicht an Mobbing grenzen kann. Womöglich beginnt ein Teammitglied oder eine ganze Gruppe in Ihrem Team, Front gegen einen oder mehrere andere zu machen. Ein solches Verhalten zerstört jeglichen Teamgeist. Ersticken Sie solche Tendenzen bereits im Keim. Sprechen Sie mit vermeintlich mobbenden Mitarbeitern sofort. Dieses Gespräch kann Klarheit bringen. Wenn nicht, ist auch eine Abmahnung, Versetzung und im Extremfall sogar eine fristlose Kündigung angebracht. Prüfen Sie auch Ihr eigenes Führungsverhalten kritisch. Haben Sie womöglich unbewusst dazu beigetragen, dass sich Fronten aufgebaut haben? Haben Sie in Ihrem Team für klare Prozesse und eindeutige Zuständigkeiten gesorgt?

Team-Demotivatoren

Schlecht organisierte Teamarbeit: Bei schlecht organisierter Teamarbeit oder dauerhaftem Personalmangel sind die Folgen Überforderung, Leistungsdruck und Stress. In einer angespannten Arbeitsatmosphäre wird bei Fehlern und Versäumnissen schnell ein Sündenbock gesucht.

Arbeitsorganisation: Wenn Mitarbeiter ihre Qualifikationen nicht einbringen können oder die Arbeit wenig abwechslungsreich, sehr monoton und nicht ansprechend ist, wird ihnen langweilig. Das verführt dazu, dass sie ihre Frustration an anderen auslassen.

Autoritärer Führungsstil: Wenn alles „von oben“ diktiert wird und den Mitarbeiter keine Eigenverantwortung übertragen wird, werden sie unzufrieden. Ebenso schädlich wirkt es sich aus, wenn Konflikte mit Macht und nicht mit Verstand gelöst werden.

Fehlende Kommunikation: Konflikte, die nicht angesprochen werden, können zu unterdrücktem Ärger führen, der sich dann in Attacken gegen andere äußert.

Für alle vier genannten Demotivatoren gilt: Hier sind Sie gefordert, die Ursachen zügig zu beseitigen. Das Team benötigt kein Motivationstraining, sondern Ihre Teammitglieder motivieren sich wieder selbst, wenn die Demotivatoren beseitigt sind.

Positionskämpfe im Team

Legen Sie größten Wert auf wertschätzenden Umgang miteinander. Oft kommt es vor, dass aus begründeten oder unbegründeten Ängsten, wie z. B. vermuteter Arbeitsplatzverlust, Positionskämpfe im Team entstehen. Dabei wird häufiger mit gegenseitiger Abwertung gearbeitet. Diese Verhaltensweise dürfen Sie nicht zulassen, denn gegenseitiger Respekt im Umgang miteinander stellt einen entscheidenden Motivationsfaktor dar. Greifen Sie ein, wenn der Ton rau oder abfällig wird. Gehen Sie mit gutem Beispiel voran. Nehmen Sie Ihre Teammitglieder ernst und zeigen Sie aufrichtiges Interesse an deren Meinung. Loben Sie die Leistung Ihrer Teammitglieder und ermöglichen Sie ihnen, eigenverantwortlich und selbstständig zu arbeiten. Wenn notwendig, dann äußern Sie Kritik sachlich und konstruktiv. Zeigen Sie Ihre ehrliche Achtung vor den Stärken und Ihr Verständnis für die Schwächen Ihrer Mitarbeiter.

Der Teamcoach wird vom Vorgesetzten oder Kollegen gemobbt

Meinungsdifferenzen sind nicht per se Mobbing. Unter *Mobbing* versteht man destruktive Handlungen, Schikanen, die sich mindestens ein halbes Jahr lang zielgerichtet gegen Sie als Teamcoach richten. Mobbing vom Vorgesetzten – auch Bossing genannt – sind: unberechtigte und verletzende Kritik, räumliche Versetzung, Kompetenz- und Aufgabenentzug ohne Begründung, quantitative und qualitative Überforderung, verbale Drohungen, bewusste Desinformation. Wenn Kollegen mobben, dann lästern sie, sprechen nicht mehr mit Ihnen, isolieren Sie, verbreiten rufschädigende Gerüchte.

Laut Konfliktforschern werden Mobbingfälle selten zur Zufriedenheit der Betroffenen gelöst. Die üblichen Strategien, wie das Einschalten von Betriebsräten und Vorgesetzten, lassen die Situation eher eskalieren. Versuchen Sie, sich persönlich zu stabilisieren und aus der Eskalation auszusteigen. Dabei kann externes Coaching helfen, aber auch ein psychotherapeutisches Gespräch. In einem zweiten Schritt sollten Sie dafür sorgen, dass der oder die Mobber und Sie arbeitsorganisatorisch getrennt werden. Wenn das nicht möglich ist, sollten Sie eine Kündigung in Erwägung ziehen.

Recht behalten um jeden Preis

„Recht behalten um jeden Preis" schadet nicht nur der Effektivität des Teams, sondern auch dem Betriebsklima und Ihrem Image. Es ist zwar richtig, dass Sie für das Team verantwortlich sind, aber „Recht behalten um jeden Preis" kann auch zu folgenschweren Fehlern führen. Schon allein deshalb, weil Sie als Teamcoach in einem rechtlich stark reglementierten Raum agieren. Hier gelten Gesetze, Tarifbestimmungen, Betriebsvereinbarungen und die Vereinbarungen der Arbeitsverträge. Wer dagegen verstößt, wird seine wertvolle Zeit damit verbringen, sich gegen klagende Mitarbeiter, Betriebsräte und Gewerkschaften zu wehren. Daher ist es klüger, das geltende Recht zu respektieren und bei schwierigen Themen den Firmenjuristen oder Ihren Rechtsanwalt zu konsultieren, um teure Fehler zu vermeiden. Versuchen Sie daher, vorher immer mit Ihrem Team ein konstruktives Miteinander zu finden.

> ***„Wenn wir auch alle einer Meinung sind, können wir dennoch Unrecht haben."***
> **John Deere**

Meine Erkenntnisse in diesem Kapitel:

Was kann ich tun, um diese Erkenntnisse für mich, mein Team und mein Unternehmen nutzbar zu machen?

Ab wann werde ich beginnen?____

6. Systemische und organisationale Herausforderungen

Organisationen funktionieren in einem Beziehungs- und Handlungszusammenhang und befinden sich in einem fortwährenden Kommunikationsprozess. In dem Kommunikationsprozess wird geklärt, welche Entscheidungen getroffen werden, wie sie umgesetzt werden und wie die Ergebnisse bewertet werden. Diese Dimension einer Organisation benötigt zwangsläufig Individuen als Mitspieler. Die zentrale Frage dabei lautet, wie es Individuen immer wieder gelingt, die soziale Energie aufzubauen, die eine Organisation für ihre Operationen benötigt. Umgekehrt sind Individuen daran interessiert, ihre soziale Wirksamkeit im organisationalen Prozess zu erkennen und weiter auszubauen.

Systemischer Blick auf die Organisation

In der Medizin ist der Begriff *Ganzheitlichkeit* gang und gäbe. Der Körper ist kein Einzelteillager, schon gar kein Ersatzteillager für „Interessierte", sondern ein offenes System, dessen Teile in wechselseitiger Beziehung zueinander, zur Gesamtheit und zur Außenwelt stehen. Im übertragenen Sinne sprechen wir von einer ganzheitlichen Organisationsentwicklung in Unternehmen. Ohne Gespür für das große Ganze lassen sich die vielfältigen Ressourcen des Unternehmens nur schwer vollständig ausschöpfen. Der Weg zum Organisationsbewusstsein ist somit geebnet.

Diversity

Dabei stellen wir fest, dass Unterschiede und Gemeinsamkeiten die Kultur eines Unternehmens prägen und zunehmend als strategisches Instrument zur Steigerung des Erfolgs insgesamt genutzt werden. Teamwork mit Teamcoaching als neuer durchgängiger Führungsstil wäre ein neuer Ansatz, welcher der Gestaltung von Lebensentwürfen und der Lebensplanung heutiger Mitarbeiter sehr entgegenkäme.

Wie in Kapitel 2 erläutert, sind Teams umso erfolgreicher und kreativer, je heterogener sie zusammengesetzt sind. Wenn das stimmt, dann haben wir – gerade in Deutschland – hervorragende Voraussetzungen für die flächenbreite Einführung von Teamwork und Teamcoaching in unseren Organisationen. Der deutschsprachige Wirtschaftsraum ist zu einem Schmelztiegel unterschiedlicher Kulturen geworden. Europäisierung, Internationalisierung und Globalisierung haben Einzug gehalten. In vielen Unternehmen arbeiten Menschen mit einer unterschiedlichen kulturellen und gesellschaftlichen Biografie. Die deutsche Wirtschaft lebt sehr gut vom Export und vom „Import" der Unterschiede. Der Umgang mit der Unterschiedlichkeit der Mitarbeiter, ihrer *Diversity,* ist nicht immer einfach. Doch – wie wir erläutert haben – ist Teamwork und Teamcoaching und die damit verbundene Chance sehr groß, die menschliche Vielfalt als etwas Positives zu begreifen und als Potenzial für eine zukunftsorientierte Organisation der Arbeit und für eine gesellschaftliche und ökonomische Entwicklung anzusehen.

Ziel für die Organisation sollte daher sein, eine Teamwork- und Teamcoaching-Kultur aufzubauen und Führungskräfte zum Teamcoach auszubilden, damit Teams, eventuell sogar abteilungs- und bereichsübergreifende Teams, zum notwendigen Erfolg geführt werden können. Dazu ist es notwendig, dass die individuellen Entwicklungsmaßnahmen auch in einem unternehmensweiten Entwicklungskonzept verankert sind.

Den zukünftigen Teamcoachs Perspektiven aufzeigen

Unternehmen stehen oft vor der Frage: Welche Entwicklungsperspektiven können wir unseren Mitarbeitern bieten – finanziell und hinsichtlich ihres Wunsches, sich weiterzubilden, um eine neue oder exponierte Position zu übernehmen? Hier stellt eine qualifizierte Teamcoaching-Ausbildung einen guten Lösungsansatz dar. Hilfreich ist in diesem Zusammenhang auch ein kleines Signal der Unternehmensführung an die Führungskräfte, dass der Erwerb dieser Qualifikation eine Voraussetzung für die Übernahme höher qualifizierter (und dotierter) Positionen ist.

6.1 Integration von Teamwork und Teamcoaching in die Organisationskultur

„Organisationskultur ist das Muster von Grundannahmen, die eine Gruppe erfunden, entdeckt oder entwickelt hat ... und die sich soweit bewährt haben, dass sie als gültig betrachtet werden und deshalb neuen Mitgliedern als die richtige Haltung gelehrt werden sollen, mit der sie ... wahrnehmen, denken und fühlen sollen. ... Organisationskultur lässt sich als eine Art gemeinsam akzeptierte Realitätsinterpretation darstellen, die im Austausch mit der Umwelt über das tägliche Tun entsteht ... und die das Unternehmensgeschehen nachhaltig, aber unsichtbar ... beeinflusst." (aus dem Engl. übersetzt, Schein, 1985, S. 6-7)

Schein hat ein sehr weit verbreitetes Modell von Organisationskultur entwickelt. Er unterscheidet die drei sich gegenseitig bedingenden Ebenen: Artefakte, Werte und Grundannahmen (ebenda, S. 14), wie sie in **Abbildung 28** dargestellt sind:

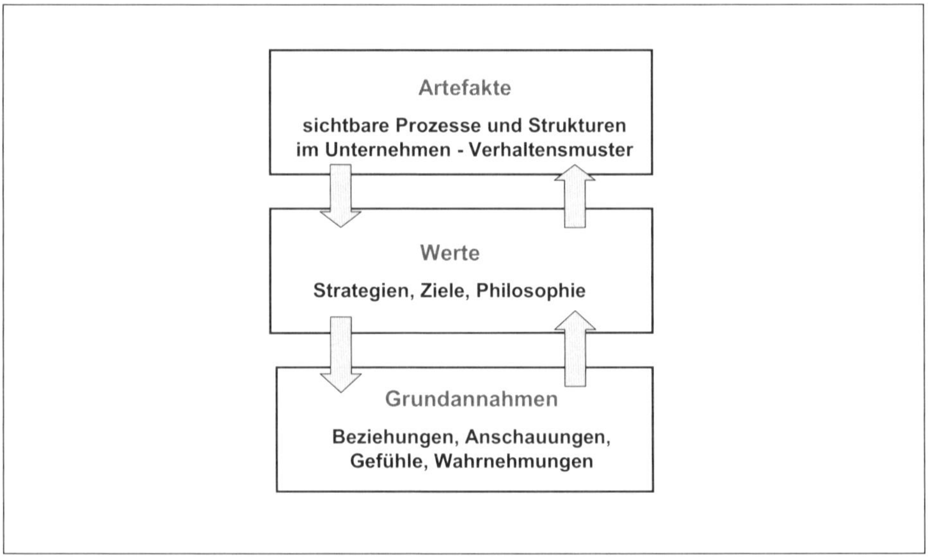

Abbildung 28: *Organisationskultur nach Schein*

Diese gezeigten Abhängigkeiten haben zur Konsequenz, dass vor der Einführung von Teamwork und Teamcoaching ein großer Fokus auf die Berücksichtung der Organisationskultur und des Organisationskontexts gelegt werden muss, wenn die Einführung gelingen soll. Sonst kann es passieren, dass sich nur kurzfristige Erfolge ohne die gewünschte Nachhaltigkeit einstellen oder das „Projekt" ganz scheitert.

Die sich stetig verändernden Erwartungen und Verhaltensweisen der Beschäftigten sowie ein voranschreitender Paradigmenwechsel in unserer Industrie- und Ökonomiegesellschaft bedeuten für die Bearbeitung der drei Ebenen (Artefakte, Werte und Grundannahmen) eine große Herausforderung für die Stakeholder einer Organisation. Denn Geschlossenheit und Selbstreferenz etablierter Organisationen (Systeme) erzeugen Wahrnehmungsunfähigkeit und Unempfindlichkeit gegenüber Forderungen nach Wandel. Das Wiederholen ewig gleicher Rituale und das „so tun als ob nichts gewesen wäre" sind kein Zeichen von Stärke, sondern ein Zeichen dafür, dass man sich in einem Gedankenkäfig bewegt. In diesem entstehen starre Organisations- und Denkstrukturen, die überaus anfällig dafür sind, in Krisenzeiten zu kollabieren. Flexible Organisations- und Denkstrukturen können hingegen auch mit den oben erwähnten Herausforderungen und radikalen Änderungen der Umgebungsbedingungen leichter fertig werden. Man denke nur an das Verhalten von Bäumen im Sturm. Welcher bricht und welcher hält stand?

Für die Selbststeuerung, Lernfähigkeit und Kooperation innerhalb einer Organisation bedarf es einer offenen und flexiblen Organisationskultur, die die Wirklichkeitskonstrukte akzeptabel macht und zu wesentlichen Prozessen zusammenführt.

Sie erinnern sich: „Alles ist irgendwie miteinander vernetzt" und „alles ist konstruiert".

6.2 Mensch, Team und Organisation verstehen oder optimieren?

Beim systemischen Teamcoaching werden das gesamte Potenzial und die Perspektivenvielfalt eines Teams genutzt, um Lösungen sowohl für die Person als Teammitglied, für das Team selbst und auch für die Organisation zu finden. Unter der Leitung des Teamcoachs werden die fachlichen, strategischen und organisatorischen Fragestellungen beantwortet. Dieser Führungsstil verbindet Elemente der systemischen Beratung und Problemlösung mit Methoden der Team- und Organisationsentwicklung.

Organisationale Betrachtungen aus der Coaching-Perspektive haben immer verschiedene Fokuspunkte: zum einen den Fokus auf den Mitarbeiter im Team, auf das gesamte Team im Zusammenspiel und zum anderen den Blick auf die Organisation. Durch diese multiperspektivische Betrachtungsweise können sowohl vorhandene Erkenntnisse im Team gebündelt als auch neue Themenfelder und Vorgehensweisen gezielt erschlossen werden. Zum Wohle der Teammitglieder, als auch der Organisation, ohne diese zu überlasten.

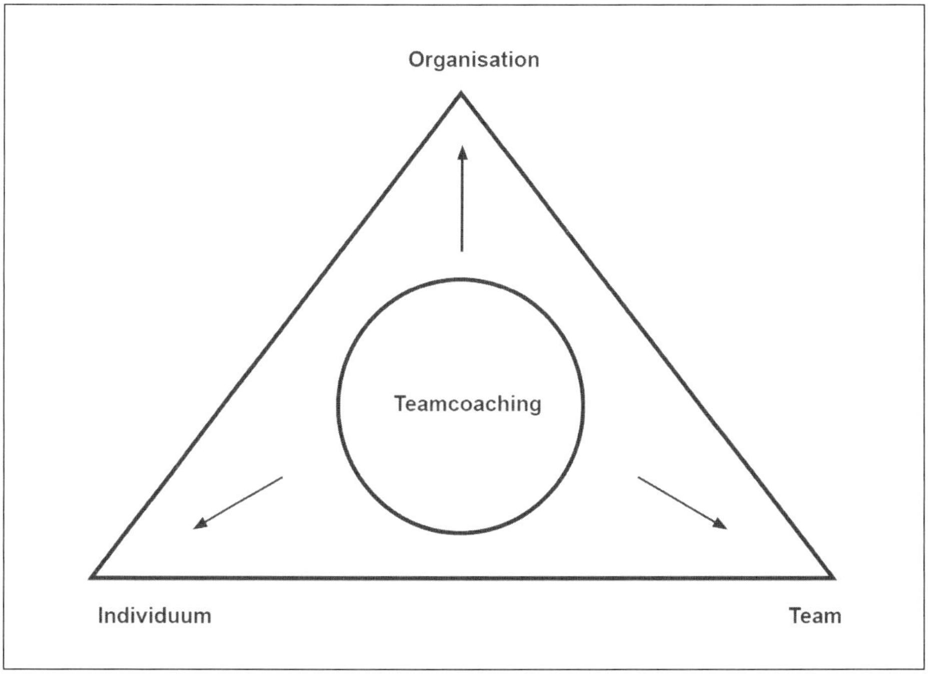

Abbildung 29: *Multiperspektivisches Teamcoaching*

Multiperspektivisches Teamcoaching

Beim Teamcoaching versuchen wir, die Berufswelt aus dem Blickwinkel des Coachees zu betrachten und den Coachee aus dem Blickwinkel der Berufswelt. Wir nehmen wahr, analysieren, vergleichen und bewerten, um einerseits Menschen im Beruf besser zu verstehen und andererseits die Entwicklungen in der Berufswelt im gesellschaftlichen Wandel mit zu betrachten und zu berücksichtigen.

Der Begriff Teamcoaching steht somit sowohl für Menschenorientierung als auch für Aufgabenorientierung in einer Organisation. Je komplexer die Anforderungen, je kreativer und eigenverantwortlicher die Tätigkeiten, umso mehr ist die Berücksichtigung der Persönlichkeit, die Aufgaben löst, zu berücksichtigen .

In den vorangegangenen Kapiteln haben wir einige Antworten darauf gegeben, was günstige Bedingungen sein können, innerhalb derer Teamcoaching gedeihen kann. Eine interessante Frage bleibt: Wie muss eine Organisation beschaffen sein, damit sie einerseits ihrem Daseinsgrund entsprechend Leistung erbringt, Gewinne erwirtschaftet und gleichzeitig zur Lebensqualität und Sinnstiftung von Mitarbeitern beiträgt?

Fazit: Alles Wissen und alle Ideen nützen wenig, wenn sie nicht umgesetzt werden. Exzellente Unternehmen sind daher vor allem auch umsetzungsstarke Unternehmen. Sie eignen sich Führungswerkzeuge wie Teamcoaching an, nutzen diese zum Wohle ihrer Mitarbeiter und gleichzeitig zu ihrem eigenen. Es genügt daher nicht, ein Buch zu kaufen und zu lesen, es genügt auch nicht zu wollen, man muss es auch tun. Ob ein Unternehmen oder ein Teamcoach erfolgreich ist oder nicht, ist immer auch eine Frage der Konsequenz. Sich Ziele zu setzen, kreativ zu sein und Nutzen zu bieten allein genügt nicht. Erst das konsequente Handeln im Alltag verleiht Glaubwürdigkeit und lenkt die gewünschte Kraft in eine positive Richtung.

6.3 Strohfeuer oder Nachhaltigkeit?

Unternehmen interessiert immer mehr, welche Methoden in der Weiterbildung von Managern und Mitarbeitern angewandt werden und ob die Investition „sich gelohnt“ hat. Daneben wird der Schwerpunkt darauf gelegt, ob eine Weiterbildungsmaßnahme die Problematik im Unternehmen aufgreift und zur Unternehmenskultur passt. Die Unternehmen legen – in Zeiten des knappen Geldes – immer mehr Wert auf die Effizienz und die Messbarkeit der Weiterbildungsmaßnahmen. Return on Investment für Coaching und Training ist ein wichtiges Thema. Die Betriebe wollen wissen, ob sich Weiterbildung rechnet und was sie unterm Strich tatsächlich bringt. Und das zu Recht!

Die bei vielen Auftraggebern existierenden Zweifel an der Nachhaltigkeit von Qualifizierungs- und Weiterbildungsmaßnahmen (wie z. B. „Erlebnis ohne Ergebnis“) lassen den Schluss zu, dass hier noch ein weites Feld zur Bearbeitung vor uns liegt. So sind mehrere davon überzeugt, dass keine positiven und nachhaltigen Veränderungen im Anschluss an die

Trainingsmaßnahmen festgestellt werden konnten. Der ausbleibende Return on Investment für Coaching und Training ist unbefriedigend, aber im Grunde nichts Neues und die Klage darüber wiederholt sich gebetsmühlenartig Jahr für Jahr. Nur, warum ist das so und warum passiert so wenig dagegen?

Seit Jahren sind die Stakeholder der Weiterbildungsbranche (die Auftraggeber wie Führungskräfte, Mitarbeiter, Personalverantwortliche, Unternehmer und auch die Anbieter) unzufrieden mit den erzielten Ergebnissen der Weiterbildungsaktivitäten. Sie fragen sich selbstkritisch: Welcher prozentuale Anteil ihrer Weiterbildungsausgaben verpufft ohne einen nachhaltigen Effekt und ohne, dass die Ergebnisse erzielt werden, die ursprünglich vereinbart und angestrebt wurden?

Ein erster Schritt ist vor allem die Verbesserung der Qualität ihrer internen und externen Weiterbildungsmaßnahmen. Dazu gehört die Zusammenarbeit mit Weiterbildungsexperten, deren Ziel es ist, die Kompetenzen ihrer Führungskräfte und Mitarbeiter zielgenau zu optimieren, sodass sie am Arbeitsmarkt bessere Leistungen erbringen können – in erster Linie natürlich für ihr Unternehmen. Dazu gehört auch das Arbeiten mit diagnostischen Verfahren wie Potenzialanalysen, Kompetenzprofilen oder Teamanalyse-Instrumenten (siehe auch Kapitel 2.2), um eine bessere „Passgenauigkeit“ zwischen Jobanforderung und Qualifikationsprofil des Mitarbeiters zu erreichen. Diese Instrumente und Verfahren können helfen festzustellen, welche Führungskräfte und Mitarbeiter Kompetenzlücken haben, die dringend geschlossen werden müssen.

Gewünschtes Ergebnis: Einige Führungskräfte werden durch ein Teamcoaching-Entwicklungsprogramm zu Leistungsträgern entwickelt. Das Programm sollte – wie in den vorangegangen Kapiteln beschrieben – möglichst ganzheitlich angelegt sein, also alle Führungs- und Coachingkompetenzen umfassen und das betriebliche Umfeld mit berücksichtigen.

Da Personalentwicklung und hier insbesondere die Einführung von Teamwork oft hohe finanzielle und zeitliche Investitionen bedeutet, ist **ein wichtiger zweiter Schritt,** dafür zu sorgen, dass die nachhaltige Wirksamkeit der Maßnahmen sichergestellt ist. Idealerweise sollte eine Weiterbildungsmaßnahme auf vier Ebenen (Kirkpatrick, 1998) evaluiert werden, und zwar nach:

1. unmittelbarer Zufriedenheit der Teilnehmer,
2. dem Lernerfolg,
3. den resultierenden Verhaltensänderungen,
4. dem tatsächlichen Nutzen für das Unternehmen.

Heutige moderne Konzepte der Unternehmensführung stellen das kontinuierliche Qualitätsmanagement (DIN EN ISO 9000 ff., EFQM) inklusive Evaluation in das Zentrum der Organisationsentwicklung. Umfrageergebnisse zeigen jedoch, dass erhebliche Unterschiede zwischen empfohlenem und tatsächlichem *Bildungscontrolling* existieren. Es besteht eine deutliche Diskrepanz zwischen Anspruch und Wirklichkeit in der Evaluation von Weiterbildungsmaßnahmen und somit in der Transfersicherung.

Kriterien für eine praktikable und effektive Evaluation

Bildungscontrolling ist keine Neuerfindung, sondern ein Thema, das bereits seit vielen Jahren im Gespräch ist, gerade um zu verhindern, dass es sich bei den Trainingsmaßnahmen nur um ein Strohfeuer handelt. Nicht von ungefähr nennt man die Feedbackbögen, die direkt nach dem Training von den Teilnehmern ausgefüllt werden, „Happy Sheets".

Das Training war interessant und der Trainer hat es unterhaltsam gestaltet. Über das übliche Entertainment hinaus beherrschte er eine große Methodenvielfalt und wechselte angemessen oft die Medien. Darüber hinaus war er auch noch ganz sympathisch, und die Räumlichkeiten, das Essen und die Umgebung ließen wenige Wünsche offen. Die Kollegen waren sehr nett zueinander, also: „volle Punktzahl!"

Diese Problematik ist den Aktiven der Branche sehr wohl bewusst. Dennoch wird kaum in Bildungscontolling, Transfer- und Qualitätssicherung investiert. Dies liegt zum einen daran, dass der Markt für Controllinginstrumente etwas unübersichtlich ist, und zum anderen daran, dass es nur wenige praktikable (d. h. in der Regel Online-)Instrumente gibt, die effektiv sind und folgende Kriterien erfüllen:

- Evaluation über ein unmittelbares Seminarfeedback hinaus
- Bewertung des Nutzens der Maßnahme
- Qualität und wissenschaftliche Fundierung der Instrumente
- Ökonomie in der Durchführung und Auswertung
- Differenzierte Auswertung und Rückmeldung
- Unabhängigkeit und Vertraulichkeit
- Kostengünstig

Gerade bei kostenintensiven Teamentwicklungsmaßnahmen ist es angezeigt, dass der gewünschte Return on Investment (ROI) nicht nur theoretisch, sondern auch handfest nachgewiesen werden kann. Denn dann – und nur dann – sind die Auftraggeber bereit, weiter in den eingeschlagenen Weg zu investieren, was vonnöten ist, wenn die Maßnahme nachhaltig sein soll.

Bildungscontrolling sollte mithilfe praxistauglicher Evaluationsinstrumente Aussagen liefern über Ursachen und Wirkung beim Erfolg oder Misserfolg von Personalentwicklungsmaßnahmen. Der Prozess, den ein Teamcoaching in Gang setzt, sollte daher während der Transferphase begleitet werden.

Der Nutzen eines solchen Evaluationsinstrumentes wäre ...

für Teamcoach und Teammitglieder: Intensivierung des Umsetzungsprozesses.

für Veranstalter und Trainer: Konkrete Umsetzungsergebnisse für ein konsequentes Qualitätsmanagement ihrer Maßnahmen.

für das Unternehmen: Klarheit über die Umsetzungserfolge der durchgeführten Maßnahmen; Impulse für die Organisationsentwicklung (z. B. Transfer-Barrieren beseitigen); Hinweise auf den ROI der Maßnahme.

Diese Begleitung kann heute entweder online – via Internet – oder traditionell via Fragebögen per Post geschehen. Eine ganzheitliche Evaluation und Transfersicherung von Teamcoachings könnte durch die Kombination von Seminarevaluation, Teamcoachfeedback und Teamanalyse realisiert werden. Dies müsste direkt nach dem Training und dann in Abständen von drei, sechs und zwölf Monaten wiederholt werden.

Geeignete Werkzeuge dazu sind die „Fragebögen für Evaluation von Coaching/Supervision S-C-Eval“ von Runde, die „Multiskalierungen“ von Szabó (Rauen, 2009), oder „teamCheck“ und „transferCheck“ von Brandt (Brandt, 2010).

Die Evaluationsinstrumente und Systeme sind verfügbar, praxistauglich und finanzierbar, um die Kontrolle von Prozessen, Zielen und Ergebnissen im Teamcoaching zur Sicherung der Nachhaltigkeit zu gewährleisten. Man muss sie nur anwenden, das heißt die Zeit, die Manpower und das Geld dafür zur Verfügung stellen, damit die Qualifizierungsmaßnahme nachhaltig ist und kein Strohfeuer war.

„Es geschieht nichts Gutes, außer man tut es!“ **Erich Kästner**

6.4 Wer trainiert den Teamcoach?

Wer als Teamcoach nur im eigenen Saft schmort, wird mit der Zeit zwar gar, aber nicht reifer.

Wie also gehen Teamcoachs mit den eigenen Wissenslücken um?

Viele Menschen trauen sich nicht, andere um Hilfe zu bitten. Gerade im Beruf befürchten sie, als unqualifiziert oder inkompetent dazustehen. Teamcoachs haben häufig große Vorbehalte gegenüber der Hilfe von anderen. Dabei entstehen viele Fehler erst dadurch, dass sie meinen, alles zu wissen und allein bewältigen zu können.

Doch die Bitte um Hilfe bedeutet keinen Gesichtsverlust, wenn man es richtig angeht: Im ersten Schritt erläutern Sie dem Gesprächspartner, um was es geht und was Sie bereits wissen. Dann äußern Sie Ihre Meinung oder machen einen Vorschlag und bitten Ihren Gesprächspartner um seine Meinung dazu. Wenn Sie sich dann immer noch unsicher sind und Hilfe benötigen, können Sie jetzt direkt fragen: Haben Sie einen konkreten Vorschlag? Können Sie mir einen Tipp geben? Wie würden Sie das lösen?

Sie können auf diese Art und Weise auch Mitarbeiter, Kollegen und Vorgesetzte um Rat und Hilfe fragen. Manche bevorzugen lieber einen stillen Helfer im Hintergrund, wenn es um knifflige Situationen geht, einen Privatcoach. Sie können sich aber auch von einem Supervisor begleiten lassen oder an einem entsprechenden Seminar teilnehmen. Die *Supervision* bietet dem Teamcoach die Möglichkeit, sich Anregungen zu holen, lieb gewordene Muster auf den Prüfstand zu stellen, Überzeugungen zu reflektieren, neue Techniken kennen zu lernen und vielleicht gleich auszuprobieren, theoretische Kenntnisse aufzufrischen oder etwas über neue theoretische Ansätze zu erfahren. Und wenn die Praxisfälle der anderen Teilnehmer besprochen werden, bietet das eine gute Gelegenheit, für sich selbst zu überprüfen: Welche Antworten hätte ich auf diese Fragen gegeben? Wie wäre ich mit der geschilderten Situation umgegangen? Wie sicher fühle ich mich mit dieser Materie? Gibt es da für mich eventuell Nachholbedarf?

In der Supervision wird außerdem der Umgang mit der eigenen Kreativität und mit Blockaden, die sich einstellen können, besprochen. Durch Ressourcenarbeit und Supervisionstechniken lernen Sie, wie Sie Ihre individuelle Beratungspraxis verfeinern und verbessern können, um in Ihrem Kenntnis- und Fertigkeitsstand nicht stehen zu bleiben. Denn nicht nur für den Coachee, auch für den Coach stellen jedes Coachinggespräch und die gesamte Coaching-Tätigkeit einen Entwicklung- und Veränderungsprozess dar. Durch dieser Sichtweise wird auch das Thema der individuellen Stilmerkmale, die jeden Teamcoach einzigartig machen, in seiner Bedeutung herausgearbeitet.

Diese Maßnahmen dienen alle folgendem Ziel:

- Ihren individuellen Entwicklungsstand als Teamcoach zu reflektieren.
- Rückmeldungen zum aktuellen Lern- und Arbeitsstand als Coach zu bekommen.
- Rückmeldungen zu eigenen Konflikten beim Coaching zu erhalten.
- Eine situative Beratung und Vertiefung zu den Fällen der anderen Teilnehmer zu erhalten.
- Das eigene Profil als Teamcoach zu schärfen.
- Die eigene Arbeitsweise herauszuarbeiten und zu fokussieren.
- Optimierungsimpulse durch individuelle Entwicklungsgespräche zu erhalten.

Was immer Ihre Beweggründe sein mögen, sich weiterzubilden, sorgen Sie dafür, dass Sie als Teamcoach immer besser werden, denn ohne Kompetenz gibt es keine Exzellenz.

Meine Erkenntnisse in diesem Kapitel:

Was kann ich tun, um diese Erkenntnisse für mich, mein Team und mein Unternehmen nutzbar zu machen?

Ab wann werde ich beginnen?______________________________

7. Leitfäden – Arbeitsblätter – „Muster"-Beispiele

Dieses Kapitel will keine fertig ausgearbeiteten Konzepte oder Lösungen liefern. Dementsprechend sind auch die Vorlagen und Checklisten eher allgemeiner Natur und als Anregung gedacht, sich mit dem jeweiligen Thema zu befassen und Fragestellungen aus dem eigenen Arbeitsalltag zu reflektieren.

7.1 Beobachtungsthemen und Interventionen für Teamcoachs

Immer nützlich, aber besonders wertvoll zu Beginn eines Teamentwicklungsprozesses

1. Orientierung an der Aufgabe

Ziel: Zielklarheit!

Formulierung der eigenen Ziele und der Ziele der einzelnen Teammitglieder.

2. Teammitgliedschaft

Ziel: Dem Team bewusst machen, was es bedeutet, Mitglied in einem Team zu sein oder zu werden.

Was sind die Bedingungen der Mitgliedschaft in diesem Team?

Was sind die Konsequenzen, wenn einige nicht – wie gewünscht – mitziehen?

3. Regeln

Ziel: Teamregeln erarbeiten und dem Team bewusst machen, welche Regeln sie bewusst oder unbewusst aufgebaut haben.

Welche Regeln wollen wir uns geben?

Welche Regeln scheinen hier schon zu herrschen?

Wie bauen sich die Regeln auf? Wie stark sind sie?

Was passiert, wenn jemand die Regel verletzt?

Wie können Teams ihre eigenen Regeln ändern?

4. Macht

Ziel: Einfluss und Macht im Team erkennen.

Gibt es einen informellen Führer? Woran erkennt man ihn?

Wer hat Autorität, Macht, Einfluss? Auf welcher Basis?

Was passiert, wenn der Teamcoach seine Führungsverantwortung nicht wahrnimmt?

Was kann das Team daraus lernen?

Welche Konsequenzen hat ein Führungskampf für die Teamarbeit?

5. Vertrauen

Ziel: Vertrauen als Basis für offene Kommunikation in einem Team.

Wie erwirbt man Vertrauen?

Wie arbeitet das Team, wenn Vertrauen fehlt?

Haben die Teammitglieder genug Vertrauen, ihre Gefühle und Ideen auszudrücken?

Haben sie genug Vertrauen, nach Feedback zu fragen?

Vertrauen sie dem Teamcoach? Wenn nicht, warum nicht?

6. Verantwortlichkeit

Ziel: Grenzen individueller Verantwortlichkeit, Teamverantwortlichkeit, Teamcoach-Verantwortlichkeit aufzeigen.

Wie weit ist jedes Teammitglied verantwortlich für das Geschehen im Team?

7. Emotionen

Ziel: Das Team lernt, welche Rolle Emotionen (eigene und die Emotionen der anderen) in der Teamarbeit spielen.

Welchen Effekt hat es für das Team, wenn einige sich frustriert, gelangweilt, aggressiv, freundlich, liebevoll etc. fühlen?

Woher kommen diese Emotionen?

Was passiert, wenn jemand starke Gefühle hat und sie nicht ausdrückt?

8. Kommunikation

Ziel: Durch aufmerksame Beobachtung erkennen, in welcher Entwicklungsphase sich das Team befindet.

Wie kommunizieren die Teammitglieder untereinander? Verbal? Nonverbal? Freundlich? Aggressiv? Formal? Auf horizontaler Ebene? Auf vertikaler Ebene?

Sprechen die Teammitglieder im Teammeeting zum ganzen Team oder nur zu Individuen?

Wie gehen wir mit Vielrednern und Schweigern um?

Welche Kommunikationsregeln wollen wir uns geben?

9. Entscheidungen

Ziel: Entscheidungsverantwortung klären und für die Konsequenzen sensibilisieren.

Wer ist für welche Entscheidung verantwortlich?

Werden Teamentscheidungen im Team bewusst oder unbewusst gemacht?

Wie kamen sie zustande?

Was passiert, wenn einige nicht zustimmen können?

Wie wollen wir mit „Unterlegenen/Minderheiten" im Entscheidungsprozess umgehen?

Gilt bei uns: Mehrheit ist Mehrheit?

Wie steht es um das Konfliktpotenzial: eigene Bedürfnisse versus Teambedürfnisse?

10. Rollen

Ziel: Rollenklärung – Rollenbewusstheit – Fähigkeit herauszufinden, welches Rollenverhalten welche sozialen Folgen hat.

Welche Rollen lassen sich hier im Team erkennen?

Welche Folgen hat bestimmtes Rollenverhalten?

Welche Rollen sind nützlich für den Teamfortschritt (Aufgabe, Erhaltung, Störung)?

Wie wirken sich Rollen aus?

Krisenpunkte im Team stellen oftmals die Vielredner und die Schweiger dar. Auf sie ist besonders zu achten (siehe Punkt 8)!

Haben wir ein Alphatier und Omegahuhn im Team?

Woran erkennt man sie?

11. Feedback und Hilfe

Ziel: Feedback als methodisches Instrumentarium für soziales Lernen erkennen.

Wie können wir uns gegenseitig beim Bewältigen der Aufgaben optimal unterstützen?

Wann ist Feedback möglich, nützlich, abzulehnen?

Wie wollen wir uns Feedback geben?

Häufig geschieht es, dass ein Team Außenseiter „produziert". Diese werden oft auch „Omegahühner" genannt, da das Team sie gerne als Sündenböcke benutzt, bei denen – bei Misserfolgen – die „Schuld" abgeladen wird. Entwickelt das Team für diese Außenseiter keine Schutzfunktionen, so hat dies der Teamcoach zu übernehmen.

7.2 Fahrplan für erfolgreiche Teammeetings

1. Einladung

Ort:

Zeit:

TOPs – Tagesordnungspunkte	Name

2. Vorbereiteter Themenspeicher

Thema	Zeit	Name	Ziel
			Information
			Entscheidung treffen
			Lösungsansätze
			Diskussion
			Brainstorming
			xyz

Bei regelmäßigen Meetings:

In der Erstsitzung folgende Fragen klären:

- Wann wird jeweils eingeladen?
- Wie kommen die TOPs zustande?
- In welchen Abständen finden die Sitzungen statt?
- Wer schreibt die Protokolle?
- Wie wird die Effektivität der Sitzung sichergestellt?
- Rahmenbedingungen

3. Vereinbarung gemeinsamer Spielregeln

- Wir arbeiten an der Sache.
- Wir lassen uns gegenseitig ausreden und beachten das KISS-Prinzip (keep it short and simple).
- Wir hören den Argumenten der anderen zu und bauen darauf auf.
- Wir benutzen keine Killerphrasen und lassen Meinungen gelten.
- Wir sind uns selbst und anderen gegenüber ehrlich und legen offen, welche Ziele wir verfolgen.
- Wir übernehmen Verantwortung für uns selbst und für den guten Verlauf des Meetings.

4. Für einen angemessenen Besprechungsrahmen sorgen

Achten Sie darauf, dass der Besprechungsraum eine angenehme Zusammenarbeit ermöglicht. Seien Sie selbst als Erster vor Ort und begrüßen Sie die Teilnehmer persönlich. Damit setzen Sie ein Signal, wie wichtig Ihnen die Besprechung ist.

5. Ziel- und Zeitrahmen der TOPs bestimmen

Machen Sie transparent, wie eingehend und in welchem Zeitrahmen die einzelnen Tagesordnungspunkte behandelt werden sollen.

Über welche Punkte wird lediglich informiert?

Zu welchem Punkt soll eine Diskussion stattfinden?

Worüber muss eine Entscheidung gefällt werden?

6. Themenspeicher während des Meetings

Halten Sie Thema, Zeit, Ziel und Ansprechpartner für einzelne TOPs und Themen in einer Tabelle fest, die Sie im Sitzungsraum aufhängen. Dieser Themenspeicher hilft Ihnen, während der Sitzung den roten Faden zu behalten: Werden Beiträge beigesteuert, die von der gegenwärtigen Diskussion wegführen, nehmen Sie sie einfach in den Speicher auf und greifen diese später auf.

TOPs	Zeit	Name	Ziel
Weitere Themen:			

7. Dem Team Klarheit über den Handlungsspielraum verschaffen

Machen Sie sich und den Teammitgliedern klar, wo sie als Team Handlungsmöglichkeiten haben und wo bereits Entscheidungen und Rahmenvorgaben existieren, die sie einfach akzeptieren müssen.

8. Einen Maßnahmenkatalog erstellen

Halten Sie gemeinsam und für alle gut sichtbar fest, von wem bis wann und auf welche Weise getroffene Entscheidungen umgesetzt werden.

Vereinbaren Sie auch einen Kontrolltermin.

Was?	Wer?	Bis wann?

9. Feedback einholen

Führen Sie eine anonyme Punktewertung ein, bei der die Teilnehmer angeben, wie effektiv die Besprechungszeit genutzt wurde. Sprechen Sie auch informell mit Mitarbeitern über die Qualität der Besprechungen und fragen Sie nach Möglichkeiten, es besser zu machen.

Wie zufrieden sind Sie mit der Effektivität unseres Meetings?

7.3 Beispiel für eine Mediation

Dieser Leitfaden mit Praxisbeispiel ist dem Buch „Konfliktmanagement“ von Motamedi entnommen:

1. Phase: Kontaktaufnahme und Klärung der Situation

In dieser Phase geht es darum, ob beide Parteien den Mediator als unabhängigen Berater akzeptieren und sich bereit erklären, eine gemeinsame Lösung anzustreben. Es wird ein zeitlicher Rahmen festgelegt und der Vermittler vereinbart mit den Konfliktparteien **Spielregeln.** Beispielsweise holt er sich die Erlaubnis ein, unterbrechen zu dürfen, falls die Bearbeitung des Konfliktes destruktiv wird.

Auch das Besprechen von Befürchtungen der Partner gehört in diese Phase. Der Mediator versucht, eine vertrauliche Atmosphäre zu schaffen, und achtet während der Diskussion auf die Einhaltung der Spielregeln und der vereinbarten Struktur. Bei mehreren Sitzungen ist jedes Treffen neu zu strukturieren.

Beispiel

„Ich möchte Ihnen beiden sehr für das entgegengebrachte Vertrauen danken. Ich bin sicher, dass wir auf einem konstruktiven Weg sind und nach einigen Gesprächen eine angemessene Lösung finden werden. Ihr Thema ist knifflig, aber dank Ihrer Kreativität und Flexibilität werden wir vorankommen. Heute werden wir zwei Stunden miteinander verbringen und festlegen, wann die nächste Sitzung stattfindet. Bevor wir jedoch einsteigen, möchte ich ein paar Spielregeln mit Ihnen gemeinsam vereinbaren. Erfahrungsgemäß spielt es sich dann leichter.“

2. Phase: Formulierung des Themas

Beide Konfliktparteien werden nacheinander aufgefordert, das Streitthema aus ihrer Sicht zu formulieren.

Um welchen Konflikt geht es?

Was ist das Thema?

Der Konsens darüber, was den Konflikt ausmacht, ist die Grundlage für seine Lösung. In dieser Phase kann sich schon herausstellen, dass die Konfliktpartner von unterschiedlichen Themen oder Themenschwerpunkten ausgehen. Der Austausch über die verschiedenen Auffassungen zum Thema trägt oft schon zur Klärung bei.

Beispiel:

„Ich möchte Sie beide nun bitten, nacheinander zu formulieren, um welches Thema es Ihnen geht."

3. Phase: Ansicht der Parteien zum Konflikt

Dies ist der erste inhaltliche Schritt zur Konfliktbearbeitung. Der Mediator achtet darauf, dass jeder ausreden kann. Erst wenn einer der Gesprächspartner alles gesagt hat, kommt der andere zu Wort. Die Partei, die zuhört, kann sich für Rückfragen Notizen machen. Ziel ist es, beiden Parteien das Gefühl zu geben, verstanden zu werden, und zwar nicht nur vom Mittler, sondern auch von der Gegenseite. Nur wer sich selbst verstanden fühlt, hat Kraft, sich auf den anderen einzulassen.

Beispiel:

„Nun bitte ich Sie, Herr A., kurz Ihre Ansicht darzulegen. Frau B. bitte ich, in Ruhe zuzuhören ...

Vielen Dank. Und nun bitte Sie, Frau B. Auch Sie haben ein paar Minuten Zeit, Ihre Meinung darzulegen. Herr A. wird ebenfalls aktiv zuhören."

(Der Mediator macht sich Notizen über die Gemeinsamkeiten der Meinungen).

4. Phase: Jede Partei wiederholt die Position und die Interessen des anderen

Diese Wiederholung wird von der Gegenseite so lange modifiziert, bis der andere sagt: *„So, nun haben Sie/hast Du mich verstanden."* Die gleiche Aufgabe hat danach die andere Partei.

Diese Vorgehensweise wurde angewendet, um internationale Konflikte – wie z. B. den Kalten Krieg – zu lösen. Viele Erfahrungsberichte bestätigen, dass nach diesen Phasen des aktiven Verstehens bereits 50 Prozent des Konfliktes gelöst sind.

Wenn man dazu bereit ist, sich in das Denken und Fühlen des anderen hineinzuversetzen, ist der Konflikt leichter lösbar.

Beispiel

„Lieber Herr A., jetzt möchte ich Sie bitten, die Meinung und die Interessen Ihrer Partnerin B. zu wiederholen, Frau B., Sie hören bitte genau zu und korrigieren, wenn Herr A. etwas missverständlich ausdrückt. Herr A., Sie korrigieren Ihre Darstellung so lange, bis Frau B. zustimmend nickt und sagt: ‚Genau so habe ich es gemeint. Sie haben mich verstanden."

Es ist verblüffend, wie oft Streitparteien nach diesem Prozess des aktiven Verstehens beteuern, dass sie das alles nicht gewusst haben, und wenn sie es gewusst hätten, hätte der Konflikt nicht so weit kommen müssen.

Der Mediator achtet darauf, dass beide Seiten in Ruhe aussprechen dürfen und faire Rückfragen gestellt werden können.

5. Phase: Visualisieren der Gemeinsamkeiten

Nachdem beide Parteien die Sichtweisen der Gegenpartei wiederholt haben, beginnt der Mediator, die ihm aufgefallenen **Gemeinsamkeiten und Begründungen** anzusprechen und zu visualisieren. Dabei kommt es auch darauf an, nicht explizit ausgesprochene Dinge und solche Informationen zu verbalisieren, die sich durch die Wahl der Worte, durch den Tonfall oder durch die Körpersprache vermitteln.

> ## Beispiel:
>
> „Ich möchte jetzt einmal zusammenstellen, was ich bisher von Ihrem Konflikt verstanden habe. Mir sind in erster Linie folgende Übereinstimmungen Ihrer Positionen und Interessen aufgefallen. ..." Folgende Diskussion bleibt offen: ...

Die Kampfesstimmung beruhigt sich erfahrungsgemäß schnell, wenn die Übereinstimmungen visualisiert werden. Meist lenkt die **bildliche Darstellung (auch im Sinne von Schriftbild)** die Diskussion schneller in eine konstruktive Richtung, als wenn man nur darüber spricht.

Das Auflisten dieser Punkte begrenzt die Themen, über die noch verhandelt werden muss. In der Regel verlieren die Streitparteien ihre Gemeinsamkeiten schnell aus den Augen. Diese Art, **Brücken zwischen den Kontrahenten zu bauen,** ist für den Mediationsprozess maßgeblich.

Gemeinsamkeiten schaffen Verbindungen.

Hat der Mediator zu Beginn des Prozesses Mühe, Gemeinsamkeiten herauszufinden, dann kann er den Konfliktpartnern vor Augen führen, dass sie schließlich hier zusammengekommen sind, um eine Lösung zu erarbeiten. **Das ist auch eine gemeinsame Interessenlage.** Gleichgültig, wie sehr der Konflikt beide Parteien trennt, auf diese Gemeinsamkeit können sie sich stützen. Darauf aufbauend lassen sich meist weitere Gemeinsamkeiten ermitteln. Beispielsweise ist es beiden Parteien wichtig, eine Veränderung herbeizuführen, den aktuellen Zustand zu überwinden usw.

6. Phase: Erarbeiten von Lösungsmöglichkeiten

Bei dem Erarbeiten von Lösungsmöglichkeiten unterbricht der Mediator nur, wenn das konstruktive Finden von Lösungen **in ein sogenanntes „Blame Game"** überwechselt. Blame Game nennt man im Amerikanischen das **Zurückfallen in Vorwürfe.** Es wird nicht mehr versucht, zukunftsorientiert zu denken, sondern die Parteien bemühen die Vergangenheit, um den anderen vorzuführen.

Beim Unterbrechen von Blame Games ist es wichtig, darauf zu achten, dass sich ein Dialog zwischen den Parteien entwickelt. Das Gespräch sollte nicht über den Vermittler laufen. Während des Lösungsprozesses lernen die Parteien einen konstruktiven Umgang miteinander kennen. Diese neue Art, miteinander zu sprechen, können sie in die alltägliche Zusammenarbeit oder das Zusammenleben übernehmen.

Fallen dem Mediator in dieser Phase neue Gemeinsamkeiten auf, dann ergänzt er seine Liste.

> ## Beispiel
>
> „Nun sind wir bereits an dem Punkt der Lösungsfindung angelangt. Lassen Sie uns eine Art Brainstormingkonferenz durchführen. Ich schreibe alle Ideen auf, wir diskutieren sie aber noch nicht. Erst wenn alles auf dem Papier steht, wird die Gesprächsrunde eröffnet. Welche Ideen haben Sie bereits im Laufe der Diskussion entwickelt? ...
>
> Nun gehen wir zur Diskussion der Ideen über. Welche Gedanken möchten Sie äußern?“

Entscheidend in dieser Phase ist, dass der Vermittler seine eigenen Lösungsideen zurückhält. Die streitenden Parteien müssen einen Weg finden, auf dem sie gehen können – unabhängig davon, ob der Mediator diesen Weg befürwortet. Dennoch ist es auch Aufgabe des Mediators, gezielt nachzufragen, wenn er den Eindruck hat, dass seine Streiter wesentliche Punkte übersehen haben. Wichtig sind hier indirekte Fragen:

> **Anstatt:** „Sie haben übersehen, dass Sie xy nicht können.“
>
> **Besser:** „Wie haben Sie sich das genau vorgestellt?“
>
> Oder: „Wessen Einverständnis setzt dieses Vorgehen voraus?“,
>
> „Gibt es noch etwas, das Sie berücksichtigen sollten?“,
>
> „Wie genau sollten Sie xy umsetzen?“

7. Phase: Lösung vereinbaren

Meistens geht die sechste Phase automatisch in die siebente über. Man hat ein paar passable Ideen gefunden, und nun wird die beste ausgewählt. Manchmal stellt diese Phase aber auch eine zweite Runde dar. Die Konfliktparteien möchten erst einmal in Ruhe nachdenken und ausschlafen, bevor sie sich festlegen.

Wird eine Vereinbarung getroffen, so muss der Mediator darauf achten, dass beide Parteien die Vereinbarung tragen, dass vereinbart wird, wie die Einhaltung kontrolliert werden soll und darüber nachgedacht wird, wie in zukünftigen Streitfällen miteinander umgegangen werden soll.

Beispiel

„Nach reiflicher Diskussion der Fakten und Ideen geht es nun darum, eine konkrete Lösung zu vereinbaren. Sind Sie dazu bereit? ... Wer hat einen Vorschlag?"

8. Phase: Schluss

Bevor die Gesprächsparteien auseinandergeht, um die Vereinbarungen umzusetzen, formuliert jede Partei, wie sie den Lösungsprozess empfunden hat. Jeder Teilnehmer erhält die Gelegenheit, die getroffene Entscheidung noch einmal zu überprüfen. Auch der Mediator reflektiert den Prozess aus seiner Sicht.

Beispiel

„Jetzt möchte ich Sie bitten zu formulieren, wie Sie diese Art der Konfliktbearbeitung empfunden haben. Was hat Ihnen gut gefallen? Wo haben Sie noch Verbesserungsvorschläge? ... Gibt es noch Einwände gegen die gefundene Lösung? ..." (gegebenenfalls Besprechung)

„Dann möchte ich Ihnen sehr für die konstruktive und lebhafte Diskussion danken. Wann wollen wir uns noch einmal kurz zusammensetzen, um zu überprüfen, ob sich die Lösung tatsächlich in der Praxis bewährt? ..." Dank und Abschluss. (Motamedi, 1999, S.125 ff.)

7.4 Verantwortlicher Umgang mit Sprache

Zusammenfassung eines Vortrages von Ruppert Lay aus „flipchart" 1/1998:

Sprechen ist nur dann sinnvolle Handlung, wenn wir damit ein Ziel verfolgen, eine Veränderung bewirken und sie verantworten (können). Verantwortung meint, dass wir als Sprechende Antwort geben können müssen auf die Frage, warum wir etwas so und nicht anders sagen. Denn das Umgehen mit Sprache ist das Umgehen mit einem sensiblen Werkzeug: Wir verändern mit Sprache Einstellungen, Orientierungen, Selbstverständlichkeiten, sowohl beim anderen als auch bei uns, weil Sprechen niemals als einseitige Interaktion verläuft. Wir können mit Sprache andere (und damit uns) klein oder groß machen. Verantwortete Sprache setzt also voraus, dass wir bedenken, was wir mit Sprache erreichen wollen.

Erkenntnistheorethisch betrachtet sprechen wir nicht zu anderen Menschen, sondern zu den Bildern (nicht Abbildern), die wir uns von anderen Menschen machen. Wird ein Mensch uns gegenüber z. B. aggressiv, so gilt die Aggression nicht uns, sondern dem Bild, das der andere sich von uns gemacht hat. Sinnvoll ist nun nicht, den Beleidigten zu spielen, sondern sich zu fragen, welche unserer Verhaltensmuster im anderen ein Bild erzeugt haben, das ihn veranlasst, aggressiv zu reagieren.

Von dem Faktum ausgehend, dass wir niemals feststellen können, wie der andere ist, bezieht Sprache ihre tiefe Ehrfurcht vor dem anderen. Sprache macht andere nur größer, wenn diese Ehrfurcht vor dem „Du” gegeben ist. Ist sie nicht gegeben, macht Sprache andere kleiner, verzwecklicht oder benutzt sie.

Hier wird Sprache verantwortungslos, oder, mit Lay gesprochen: Sprache ist dann nicht mehr biophil. D. h., eigenes und fremdes personales Leben wird nicht mehr gefördert, sondern eher gemindert. Wer Sprache biophil einsetzt, lernt auch, verantwortlich mit den Bildern, die er sich von anderen macht, umzugehen; er lernt, seine Bilder von sich und anderen immer wieder zu überprüfen und zu verändern.

Wo wird Sprache aus der Verantwortung entlassen?

Wo Sprache Menschen tötet. Wir kennen im europäischen Raum keine Bestrafung des psychisch-sozialen, wohl aber des physischen Mordes. Nur sehr wenige Fälle des psychisch-neurotisch Depressiven, der Selbstmord begeht, gehen nicht zurück auf den vorangegangenen „Mord” durch Sprache, wie er z. B. im Mobbing in Erscheinung treten kann.

Wo üble Nachrede und Verleumdung geschehen. Über andere Menschen schlecht gegenüber Dritten zu sprechen, scheint eine Lieblingsbeschäftigung mancher Zeitgenossen zu sein. Sie identifizieren das von ihnen konstruierte Bild von einem Menschen mit diesem selbst. Über den anderen sagen diese Bilder so gut wie nichts aus, vielmehr aber über sich und die von ihnen produzierten Bilder von anderen. Die Mutter der Verleumdung ist der Hass; viele Verleumder werden ihren Hass jedoch als Sorge um den anderen zu kaschieren versuchen.

Wo Intrigen gepielt werden. Intrigen haben das Ziel, durch Indiskretion oder Lüge einen anderen Menschen vor allem bei dessen Vorgesetzten schlechtzumachen. Intrigen geschehen, wo Menschen sich vor anderen Vorteile verschaffen wollen, ohne die Mittel moralisch zu bedenken.

Wo wird Sprache verantwortet eingesetzt?

Wo im problemlösenden Bereich verantwortete Sprache im Team geschieht. Team bedeutet den Aufbau von sozialen Gebilden, in denen produzierte Bilder, die wir uns von anderen machen, dynamisiert, d. h. verändert werden können. Im Team wird weder Verleumndung noch Intrige, sondern sozialer und emotionaler Konsens aller angestrebt bei gleichzeitiger Minimierung von Fehlern, Irrtümern und Täuschungen.

Wo im persönlichen Bereich Menschen authentisch sind. Das setzt emotionales, soziales und rationales Wohlfühlen voraus. Solches Wohlfühlen kann entstehen, wenn andere Meinungen nicht als Angriff, sondern als Chance verstanden werden: Wie müsste ich denken und fühlen, um so wie der andere zu denken und zu fühlen.

Wo Menschen einen höchsten ethischen Wert für sich gefunden haben, z. B. den der Biophilie. Dieser Wert reguliert auch mein Sprechen im beruflichen und privaten Bereich und verhindert Werteschizophrenie. Wer über einen solchen Wert Orientierung findet, für den ist immer das moralische Gewissen höchste Instanz bei Entscheidungen – also auch bei verantworteter Sprache.

> ***„Zusammenkunft ist ein Anfang, Zusammenhalt ist ein Fortschritt, Zusammenarbeit ist der Erfolg!"***

Meine Erkenntnisse in diesem Kapitel:

Was kann ich tun, um diese Erkenntnisse für mich, mein Team und mein Unternehmen nutzbar zu machen?

Ab wann werde ich beginnen?____

Nachwort

Es war verführerisch, den zukünftigen Teamcoachs konkrete Tipps zu geben, wir konnten auch der Versuchung nicht konsequent widerstehen, obwohl wir wissen, dass es einfache Regeln, wie „Simplify-your-Teamcoaching" oder das universelle „Best-Practice-Teamcoaching-Modell" nicht gibt. Unsere Botschaft ist daher: Jede geschilderte Methode und jedes Instrument kann hilfreich sein, aber man sollte es nicht übertreiben. Die eigene Know-how- oder Teamcoaching-To-do-Liste muss sich jeder Teamcoach selbst anfertigen. Der gute Teamcoach erarbeitet und modelliert sich seine Methoden und Techniken mit jedem Coachinggespräch neu, er füllt damit sukzessive und handlungsrelevant seinen eigenen individuellen Werkzeugkasten.

Unsere Ausführungen zeigen, wie sehr wir zu Beginn des Teamcoachings der Orientierung bedürfen. Die vorgestellten Modelle und Lösungsangebote empfehlen sich als „roter Faden" hierfür. Darüber hinaus führen die Beispiele vor Augen, wie reich und spannend dieses Feld sein kann, und sie sollen Ihnen Lust und Mut für die Anwendung machen.

„Ich glaube nicht, dass die hier beschriebenen Zusammenhänge der Weisheit letzter Schluß sind. Ja, ich fürchte, sie sind noch nicht einmal der Weisheit erster Schritt. Es sind Fragen, ein Suchen ist es ... Und so will dieses Buch denn auch deutlich machen, dass es keine wissenschaftlichen Wahrheiten gibt. Wahrheiten stellen sich in diesem Augenblick dar, im nächsten sind sie schon wieder anders. Und wir wachsen nicht etwa daran, dass wir an ein System glauben (jedes System ist Wanderstab), sondern indem wir beginnen, uns auf die eigenen, uns eingegebenen Wahrheiten zu verlassen. Uns von ihnen leiten zu lassen, wohin sie uns auch bringen." (Orban, 1993, S. 187)

Viel Erfolg und Freude auf Ihrer Reise wünschen

Bernhard Haas & Bettina von Troschke

Literaturverzeichnis

BRANDT, JENS: Struktur der Teamqualität. Dissertation, Universität Graz, 2010.

DE HAAN, ERIK: Relational Coaching: Journeys Towards Mastering One to One Learning. Chichester: Wiley & Sons Verlag, 2008.

FALK, ARMIN; ICHINO, ANDREA: Clean Evidence on Peer Effects. In: Journal of Labor Economics, Heft 24, University of Chicago Press, Chicago, 2006.

FÖRSTER, HEINZ VON: Das Konstruieren einer Wirklichkeit. In: Watzlawick, Paul (Hrsg): Die erfundene Wirklichkeit. München: Piper Verlag, 1985.

GAMS, MICHAEL: Coaching – So führen Sie Verkäufer zum Erfolg. München, Zürich, Dallas: NM Verlag Norbert Müller, 1998.

HAAS, BERNHARD; TROSCHKE, BETTINA VON: Beschwerdemanagement – Aus Beschwerden Verkaufserfolge machen. Offenbach: Gabal Verlag, 2007.

HAAS, BERNHARD: Heute die Erfolge von morgen sichern. In: Macher – Das regionale Wirtschaftmagazin, Heft 2, 2005.

HAAS, BERNHARD: Das Orgelpfeifenprinzip. In: Blickpunkt: KMU, Heft 2, 2009.

HACKMAN, J. RICHARD: The Design of Work Teams. In: Lorsch, Jay William (Ed.), Handbook of Organizational Behavior. Englewood Cliffs: Prentice-Hall, 1987, S. 315-342.

HAUBL, ROLF: Historische und programmatische Überlegungen zum psychodynamisch-systemischen Leitungscoaching. In: Positionen, Beiträge zur Beratung in der Arbeitswelt, Heft 01, 2008.

HORN, KLAUS PETER; BRICK, REGINE: Organisationsaufstellungen und systemisches Coaching. Offenbach: Gabal Verlag, 2003.

HÜTHER, GERALD: Erfahrungslernen und Persönlichkeitsentwickung, Vortrag und Workshop. Freiburg, 2010.

HÜTHER, GERALD: Den Übergang meistern – Von der Ressourcenausnutzung zur Potenzialentwicklung. Vortrag beim Forum Humanum. Wiesloch, 2009.

JÄGER, ROLAND; FISCHER, GABRIELE: Draußen im Leben. In: brand eins, Heft 5, 2010.

KATZENBACH, JON R.; SMITH, DOUGLAS K.: Teams – Der Schlüssel zur Hochleistungsorganisation. München: Heyne Verlag, 1993.

KAUFFELD, SIMONE: Teamdiagnose. Göttingen: Verlag für Angewandte Psychologie, 2001.

KIRKPATRICK, DONALD L.: Evaluating Training Programs. San Fransisco: Berrett-Koehler Publisher´s, 1998.

KÖNIG, ECKARD; VOLMER, GERDA: Systemisches Coaching – Handbuch für Führungskräfte, Berater und Trainer. Weinheim: Beltz Verlag, 2009.

KRAFT, PETER B.: NLP-Handbuch für Anwender. NLP aus der Praxis für die Praxis. Paderborn: Junfermann Verlag, 1998.

KRÜGER, WOLFGANG: Teams führen. Planneg-München: Haufe Verlag, 2008.

KÜNZLI, HANSJÖRG: Wirksamkeitsforschung im Führungskräftecoaching. In: Lippmann, Eric D. (Hrsg.): Coaching – Angewandte Psychologie für die Beratungspraxis. Heidelberg: Springer Verlag, 2006.

LAUFER, HARTMUT: Sprint-Meetings statt Marathon-Sitzungen. Besprechungen effizient organisieren und leiten. Offenbach: Gabal Verlag, 2009.

LUFT, JOSEPH: Einführung in die Gruppendynamik. Stuttgart: Klett Verlag, 1971.

MALIK, FREDMUND: Führen-Leisten-Leben Wirksames Management für eine neue Zeit. 6. Auflage, Stuttgart-München: DVA, 2000.

MAS, ALEXANDRE; MORETTI, ENRICO: Peers at Work. In: American Economic Review, Heft 99, 2009.

MIGGE, BJÖRN: Handbuch Coaching und Beratung: Wirkungsvolle Modelle, kommentierte Falldarstellungen, zahlreiche Übungen. Weinheim: Beltz Verlag, 2007.

MOTAMEDI, SUSANNE: Konfliktmanagement. Offenbach: Gabal Verlag, 1999.

ORBAN, PETER: Die Reise des Helden. Frankfurt am Main: Fischer Verlag, 1993.

POHL, MICHAEL; BRAUN, MICHAEL: Vom Zeichen zum System – Coaching und Wissensmanagement in modernen Bildungsprozessen. Waltrop: ISB-Verlag, 2004.

RADATZ, SONJA: Beratung ohne Ratschlag: Systemisches Coaching für Führungskräfte und BeraterInnen. 6. Auflage, Wien: Verlag Systemisches Management, 2008.

RAUEN, CHRISTOPHER (Hrsg.): Handbuch Coaching. 3. Auflage, Göttingen: Hogrefe-Verlag, 2005

RAUEN, CHRISTOPHER (Hrsg.): Coaching-Tools II. 2. Auflage, Bonn: Managerseminare Verlag, 2009.

RAUEN, CHRISTOPHER (Hrsg.): Coaching-Newsletter, 04/2010. www.coaching-newsletter.de/archiv/2010_04.html#1

ROSEN, SIDNEY (Hrsg.): Die Lehrgeschichten von Milton H. Erickson. 2. Auflage, Hamburg: Iskopress, 1990.

SENGE, PETER M.: Die fünfte Disziplin. 2. Auflage, Stuttgart: Klett-Cotta, 1996.

RÜCKLE, HORST: Coaching. Düsseldorf, Wien, New York, Moskau: ECON Verlag, 1992.

SANDER, CONSTANTIN; KAGERER SABINE: Coach oder Couch – Wo verläuft die Grenze zur Psychotherapie?. In: Kommunikation & Seminar, Heft 2, 2010.

SCHEIN, EDGAR H.: Organizational Culture and Leadership. San Francisco, London: Jossey-Bass Publishers, 1987.

SCHIMMEL-SCHLOO, MARTINA; SEIWERT, LOTHAR J.; WAGNER HARDY (Hrsg): Persönlichkeitsmodelle. Offenbach: GABAL Verlag, 2002.

SCHMID, BERND: Systemisches Teamcoaching in der Praxis, Vortrag gehalten auf dem „Internationalen Praxiskongress für systemisches Coaching“. Wien: 2004.

SCHMIDT-TANGER, MARTINA: Veränderungscoaching – Kompetent verändern. Paderborn: Junfermann, 1998.

SCHUMANN, KARIN VON: Einblick in die Evaluation – Qualitätsmanagement im Coaching. In: managerSeminare – Das Weiterbildungsmagazin, Beilage zu Heft 124, 2008.

SPRENGER, REINHARD K.: Vertrauen führt. Worauf es im Unternehmen wirklich ankommt. 2. Auflage, Frankfurt am Main: Campus Verlag, 2002.

STEWART, LORNA J. (Hrsg.): The Influence Of Character: Does Personality Impact Coaching Success? In: International Journal of Evidence Based Coaching and Mentoring, Heft 1, 2008.

TOMASCHEK, NINO: Systemische Organisationsentwicklung und Beratung bei Veränderungsprozessen – Ein Handbuch. Heidelberg: Carl-Auer Verlag, 2006.

TROSCHKE, BETTINA VON; HAAS, BERNHARD: Vertriebscoaching – Von der Führungskraft zum Coach. Wiesbaden: Gabler Verlag, 2009.

TROSCHKE, BETTINA VON: Auf Augenhöhe. In: Personal – Zeitschrift für Human Resources Manager, Jahrgang 57, Heft 9, 2005.

TROSCHKE, BETTINA VON: Grenzen des Coaching durch Führungskräfte. In: Personal – Zeitschrift für Human Resources Manager, Jahrgang 53, Heft 09, 2001.

ÜCKERMANN, DIETER: Verkäufer-Coaching – die Führungskraft als Coach. Bad Salzuflen: ERFOLGSfitness Verlag, 2004.

WAGNER, HARTMUT: Das Team-Management-System (TMS). In: Schimmel-Schloo, Martina; Seiwert, Lothar J.; Wagner Hardy (Hrsg): Persönlichkeitsmodelle. Offenbach: Gabal Verlag, 2002.

WEBER, GUNTHARD: Praxis des Familien-Stellens. 2. Auflage, Heidelberg: Carl-Auer-Systeme, 1998.

WEBER, WINFRIED W. (Hrsg.): Peter Drucker – der Mann, der das Management geprägt hat: Erinnerungen und Ausblick zum 100. Geburtstag. Göttingen: Sordon Verlag, 2009.

WHITMORE, JOHN: Coaching für die Praxis. München: Heyne Verlag, 1993.

Glossar

Business Process Reengineering = **Geschäftsprozessneugestaltung** wurde 1993 von Henry Johansson geprägt. Im Gegensatz zur Geschäftsprozessoptimierung, bei der nur einzelne Geschäftsprozesse effektiver gestaltet werden, findet hier ein grundlegendes Überdenken des Unternehmens und seiner Geschäftsprozesse statt.

Coaching. Mit Coaching oder auch **Begleitung** sind allgemein umschrieben alle Konzepte gemeint, die in professioneller Form individuelle Beratung im beruflichen Kontext anbieten. Coaching findet im Spannungsfeld zwischen der beruflichen und privaten Rolle einer Person (Coachee) statt. Mit dem Fokus auf die Persönlichkeit stärkt es in beruflichen Entwicklungsprozessen die Fähigkeit des Coachees zur Selbststeuerung. Im Sinne der „Hilfe zur Selbsthilfe" werden im Coaching u. a. verdeckte Ressourcen erkannt, benannt und damit nutzbar gemacht. Coaching ist die – überwiegend – arbeitsbezogene Selbstreflexion (siehe auch Teamcoaching).

Emotionale Intelligenz (EQ). Die emotionale Intelligenz oder **emotionale Kompetenz** ist die Fähigkeit, mit eigenen und fremden Gefühlen umzugehen, sie im konkreten Kontext richtig zu bewerten und so Konflikte und Stress zu vermeiden. Dieses aktive Vermögen bildet das Pendant zur rationalen Intelligenz (IQ).

Empathie. Fähigkeit des Einfühlens, Einfühlungsvermögen. Empathie ist nicht zu verwechseln mit einem zustimmenden Verständnis, mit dem die Mitarbeiter auf die vom Kunden geschilderte Situation eingehen können.

Employability bedeutet die Fähigkeit, auf dem Arbeitsmarkt weiter beschäftigt werden zu können. Vom Einzelnen erwartet man zunehmend, dass er eigene Verantwortung für seine Kompetenzentwicklung übernimmt. Der „Wissensunternehmer" investiert in seine Qualifikation und wird sich damit am Markt bewähren.

Feedback ist eine Rückmeldung an eine Person über deren Verhalten und wie dieses von anderen wahrgenommen, verstanden und erlebt wird. Solche Rückmeldungen finden im Kontakt mit anderen ständig statt, bewusst oder unbewusst, spontan oder erbeten, in Worten oder körpersprachlich. Um diese Vorgänge deutlich zu machen und zu üben und um die Selbst- und Fremdwahrnehmung zu verbessern, wird Feedback im Teamcoaching gezielt eingesetzt.

Frustrationstoleranz. Individuelle Fähigkeit, Enttäuschungen zu kompensieren oder Bedürfnisse aufzuschieben, ohne dabei in Aggression oder Depression zu verfallen.

Kontinuierlicher Verbesserungsprozess (KVP). KVP ist ein Grundprinzip im Qualitätsmanagement und unverzichtbarer Bestandteil der ISO 9001. Im Vordergrund stehen dabei Kundenorientierung und Produktqualität. Wie der Name schon zeigt, geht es um eine stetige Verbesserung der Produkt-, Prozess- und Servicequalität. Dies geschieht in kleinen Schritten (im Gegensatz zu sprunghaften einschneidenden Veränderungen).

Lernende Organisation (LO) bezeichnet eine anpassungsfähige, auf äußere und innere Reize reagierende Organisation. Der Begriff wird in der Organisationsentwicklung (OE) verwendet. Eine lernende Organisation ist idealerweise ein System, welches sich ständig in Bewegung befindet. Ereignisse werden als Anregung aufgefasst und für Entwicklungsprozesse genutzt, um die Wissensbasis und Handlungsspielräume an die neuen Erfordernisse anzupassen. Dem zugrunde liegt eine offene und von Individualität geprägte Organisation, die ein innovatives Lösen von Problemen erlaubt und unterstützt.

Mediation ist ein freiwilliges und außergerichtliches Schlichtungsverfahren bei akuten Konflikten. Die an der Mediation teilnehmenden Parteien müssen dem Verfahren deshalb vorher zustimmen. Der Mediator ist zur Überparteilichkeit verpflichtet, er trifft keine Entscheidungen, sondern leitet die Aussprache neutral und unterbreitet anschließend Einigungsvorschläge. Auch Beratung ist dabei unüblich, das wäre dann Konflikt-Coaching.

Mentoring ist ein Personalentwicklungsinstrument. Dabei kommt es zu einer Patenschaft zwischen einer unerfahrenen Führungskraft – dem Mentee – und einem meist älteren, erfahrenen Manager – dem Mentor –,der sein Wissen und seine Erfahrungen weitergibt mit dem Ziel, die Karriere des Mentees zu fördern. Der Mentor nimmt jedoch selten eine neutrale Position ein, hier herrscht ein Meister-Schüler-Verhältnis.

Metamodell. Von Bandler und Grinder entwickeltes Modell der Sprache, das es erlaubt, Aussagen auf darüberliegende Denkmuster und Einstellungen (Metaebene) zu hinterfragen.

Neurolinguistisches Programmieren (NLP). Psychologisches Konzept für Kommunikation und Veränderung, das heute ganz besonders von den Menschen nachgefragt und genutzt wird, die beruflich mit Kommunikation zu tun haben.

Ressourcen. Eine Ressource ist ein Mittel, um eine Handlung tätigen zu können oder einen Vorgang ablaufen lassen zu können. Eine Ressource kann ein materielles oder immaterielles Gut sein.

Return on Investment (ROI) = Kapitalrendite. Der ROI misst die Rendite des eingesetzten Kapitals.

Rumpelstilzchen-Führungsstil. Der Rumpelstilzchen-Führungsstil hat seinen Namen aus dem Märchen „Rumpelstilzchen“, wo das Rumpelstilzchen nachts um das Feuer tanzt und singt: „Ach wie gut, dass niemand weiß, dass ich Rumpelstilzchen heiß´.“ Es bezeichnet also einen Führungsstil, der unberechenbar bzw. nicht vorhersagbar ist. Manche Führungskräfte bevorzugen diesen Führungsstil wegen seines Überraschungseffekts.

Self Directed Workteam (SDWT). In einem SDWT sind die Teammitglieder kollektiv verantwortlich, ihre Arbeit zu planen und auszuführen. Sie können notwendige Entscheidungen treffen, um die Anforderungen an das Team zu erfüllen. Dies bedeutet Einbringen neuer Kenntnisse, erweiterte Pflichten und individuelle Verantwortung für das Team. Jedes Teammitglied ist dafür verantwortlich, sich neues Wissen anzueignen und dieses mit dem Team zu teilen. Ein SDWT benötigt einen Teamkoordinator.

Schlüsselkompetenz. Eine Schlüsselkompetenz oder **Soft Skill** ist eine Kompetenz (Fähigkeit, Fertigkeit, Denkmethode und Wissensbestand), die über die fachliche Kompetenz hinausgeht. Zu den Schlüsselkompetenzen zählen: Methodenkompetenz, Sozialkompetenz, Selbstmanagementkompetenz, Handlungskompetenz, Coachingkompetenz.

Sozialkompetenz. Darunter fallen all die persönlichen Fähigkeiten und Einstellungen, die dazu beitragen, das eigene Verhalten von einer individuellen auf eine gemeinschaftliche Handlungsorientierung hin auszurichten. Sozial kompetentes Verhalten verknüpft die individuellen Handlungsziele von Personen mit den Einstellungen und Werten einer Gruppe.

Stress (engl.: Druck, Anspannung) bezeichnet zum einen durch spezifische äußere Reize (Stressoren) hervorgerufene psychische und physiologische Reaktionen bei Tieren und Menschen, die zur Bewältigung besonderer Anforderungen befähigen, und zum anderen die dadurch entstehende körperliche und geistige Belastung.

Stuck State. Das englische Wort „stuck“ bedeutet festfahren, haken, hängen bleiben, stecken bleiben. Im NLP bezeichnet Stuck State einen Zustand, in dem man keinen oder nur eingeschränkten Zugang zu seinen Ressourcen hat. In diesem Zustand sind Menschen unflexibel, blockiert und können keinen klaren Gedanken fassen.

Supervision ist eine Beratungsform, bei der die Interaktion und Verhaltensmuster von Personen und Teams analysiert werden, um sie zu verbessern oder Konfliktherde zu beseitigen. Supervisor und Klienten legen vorher fest, nach welchen Spielregeln die Supervision abläuft. Im Prozess selbst werden oft konkrete Situationen und das Innenleben der Beteiligten reflektiert, um deren Handlungsmotive transparent zu machen.

System. Als System wird eine Gesamtheit von definierten Elementen verstanden, die so aufeinander bezogen sind und in einer Weise sich gegenseitig beeinflussen, dass sie als eine aufgaben-, sinn- oder zweckgebundene Einheit angesehen werden können und sich in dieser Hinsicht gegenüber der sie umgebenden Umwelt abgrenzen.

Systemisches Teamcoaching ist die Beratung von Teams, bei der Coachingperspektiven im Vordergrund stehen, die die „Umfeldbedingungen“ der Organisation mit berücksichtigen. Es bringt das Kompetenzpotenzial der Teammitglieder optimal zur Entfaltung (siehe auch System und Coaching).

Team bezeichnet eine Gruppe von Menschen, die zusammenarbeiten müssen, um in eigener Verantwortung eine gemeinsame Leistung zu erbringen.

Total-Quality-Management (TQM). Bisweilen auch als „umfassendes Qualitätsmanagement bezeichnet. Gemeint ist die durchgängige, fortwährende und alle Bereiche einer Organisation (Unternehmen, Institution etc.) erfassende aufzeichnende, sichtende, organisierende und kontrollierende Tätigkeit, die dazu dient, Qualität als Systemziel einzuführen und dauerhaft zu garantieren. TQM benötigt die volle Unterstützung aller Mitarbeiter, wenn es erfolgreich sein soll.

Unternehmenskultur. Auch als **Organisationskultu**r bezeichnet. Der Begriff stammt aus der betriebswirtschaftlichen Organisationstheorie und beschreibt die Entstehung, Entwicklung und den Einfluss kultureller Aspekte innerhalb von Organisationen. Die jeweilige Unternehmenskultur wirkt auf alle Bereiche des Managements (Entscheidungsfindung, Beziehungen zu Kollegen, Kunden und Lieferanten, Kommunikation usw.). Jede Aktivität in einer Organisation ist durch ihre Kultur gefärbt und beeinflusst. Das Verständnis der Organisationskultur erlaubt es den Mitarbeitern, ihre Ziele besser verwirklichen zu können, und den Außenstehenden, die Organisation besser zu verstehen.

Die Autoren

Bernhard Haas (Dipl.-Ing.) und Bettina von Troschke (M.A.) sind Coaches, Berater und Managementtrainer der HOT-Akademie für Führungskräfte. Beide waren lange Zeit erfolgreich in multinationalen Unternehmen im Vertrieb und Management tätig. Seit 20 Jahren arbeiten sie mit multinationalen und nationalen Firmen zusammen. Ihre Schwerpunkte sind Teamcoaching, Individualcoaching, Vertriebscoaching, Beschwerdemanagement sowie die Führung und Gestaltung von Veränderungsprozessen.

Sie sind Autoren der Bücher „Vertriebscoaching – Von der Führungskraft zum Coach" (Gabler Verlag, Wiesbaden, 2009) und „Beschwerdemanagement – Aus Beschwerden Verkaufserfolge machen", (GABAL-Verlag, Offenbach, 2007). Auch in Fachzeitschriften über Coaching, Führung, Verkauf und Personalentwicklung sind zahlreiche Veröffentlichungen von ihnen erschienen.

Bettina von Troschke

Bernhard Haas

Die HOT-Akademie® für Führungskräfte ist seit 1993 eine der führenden Unternehmensberatungen im Bereich Coaching, Beratung und Training. Dahinter steht ein Team von 12 praxiserfahrenen und interdisziplinär ausgebildeten Beratern und Coaches. Die HOT-Akademie-Kunden schätzen die Ziel- und Praxisorientierung sowie wertvolle Impulse durch den Blick von außen. Sie erhalten professionelle und wirkungsvolle Unterstützung für ihre persönliche Weiterentwicklung.

Die Schwerpunktthemen der HOT-Akademie® für Führungskräfte sind:

- Teamcoaching
- Individualcoaching

- Führung
- Vertrieb
- Beschwerdemanagement
- Organisationsentwicklung (Change-Management)

Kontakt:

HOT-Akademie für Führungskräfte

Kaiserleistraße 43

63067 Offenbach

Fon: 069-850 964 96

service@hot-akademie.de

www.hot-akademie.de